化学新シリーズ

編集委員会：右田俊彦・一國雅巳・井上祥平
岩澤康裕・大橋裕二・杉森　彰・渡辺　啓

環境化学

東京農工大学名誉教授　　　東京工業大学名誉教授
理　学　博　士　　　　　　理　学　博　士
小　倉　紀　雄　　　　一　國　雅　巳

共　著

東京 裳 華 房 発行

ENVIRONMENTAL CHEMISTRY

by

NORIO OGURA, DR. SCI.
MASAMI ICHIKUNI, DR. SCI.

SHOKABO

TOKYO

JCOPY 〈(社)出版者著作権管理機構 委託出版物〉

「化学新シリーズ」刊行趣旨

　科学および科学技術の急速な進歩に伴い，あらゆる分野での活動に，物質に対する認識の重要性がますます高まってきています．特にこれまで，化学との関わりあいが比較的希薄とされてきた電気・電子工学といった分野においても，その重要性は高まりをみせ，また日常生活においても，さまざまな新素材の登場が，生涯教育としての化学の必要性を無視できないものにしています．

　一方，教育界では高校におけるカリキュラムの改訂と，大学における「教養課程」の見直しが行われつつあり，学生と学習内容の多様化が進んでいます．

　これらの情勢を踏まえ，本シリーズは，非化学系をも含む理科系（理・工・農・薬）の大学・高専の学生を対象とした2単位相当の基礎的な教科書・参考書，ならびに化学系の学生，あるいは科学技術の分野で活躍されている若い技術者を対象とした専門基礎教育・応用のための教科書・参考書として編纂されたものです．

　広大な化学の分野において重要と考えられる主題を選び，読者の立場に立ってできるだけ平易に，懇切に，しかも厳密さを失わないように解説しました．特に次の点に配慮したことが本シリーズの特徴です．

1) 記述内容はできるだけ精選し，網羅的ではなく，本質的で重要なものに限定し，それを十分理解させるように努めた．
2) 基礎的概念を十分理解させるために，概念の応用，知識の整理に役立つように演習問題を章末に設け，巻末にその略解をつけた．
3) 読者が学習しようとする分野によって自由に選択できるように，各巻ごとに独立して理解し得るように編纂した．
4) 多様な読者の要求に応えられるよう，同じ主題を取り上げても扱い方・程度の異なるものを複数提供できるようにした．また将来への発展の基

礎として最前線の話題をも積極的に扱い，基礎から応用まで，必要と興味に応じて選択できるようにした．

1995年11月

編集委員会

まえがき

　現代に生きるわれわれは地球環境問題という地球全体を巻き込んだ環境問題に直面している．かつては局地的であった汚染が地球全体に波及したのである．その原因を探ってみると，汚染の規模が増大したことに加えて環境汚染の質的変化が含まれていることが分かる．

　地球温暖化の原因物質とされる二酸化炭素自体は無害な化学物質である．化学物質というと，そのすべてが有害とされがちであるが，それは誤った理解である．化学物質とは化学の面から見た物質を指す語であるが，環境分野では有害物質の代名詞として多用されたので，このような誤解が生まれたのである．しかし，本質的には無害な二酸化炭素もその量が増えることで有害物質に転化したことになる．これが上に述べた環境汚染の質的変化の一例である．

　環境を研究対象とする学問分野はすでに多数あるが，今後もその増加傾向は続くであろう．既存の分野に"環境"をつけるだけで新しい分野が誕生するといっても過言ではない．その中にあって環境化学は環境汚染を公害とよんだころからの老舗である．環境問題の中で化学物質が中心的役割を演じている事例は非常に多い．これが環境問題に対する化学的アプローチの重要性，すなわち，環境化学学習の必要性を雄弁に物語っている．

　この本は大学初年級において環境化学を学ぶための入門書であって，2単位分に相当する内容を含んでいる．入門書ではあるが古典的な環境汚染ばかりでなく，現在の地球環境問題も積極的に取り入れることで，著者らはフレッシュな環境化学の展開を心掛けた．

　全体は8章から構成され，1〜6章が環境化学の基礎，7章と8章が地球環境問題の各論である．各論では化学の役割が理解しやすい地球温暖化と酸性雨を取り上げた．執筆者は1，2，5，7章が一國雅巳，3，4，6，8章が小倉紀雄である．執筆者の間で原稿を交換し，用語の統一に努めたが，環境化学の中で

も分野によって用語が微妙に異なることがあり，完全に一致させることはできなかった．章末には演習問題をつけたが，その中には本文を一通り読んだだけでは解答できない やや 高度な設問も含まれている．この本の最後に演習問題の解答と解説を付したが，学習者はまず問題を解き，その後で解答と解説を読むことをお願いしたい．

　執筆に当たって多くの方からご教示，ご助言をいただいた．また執筆から印刷までのすべての段階で裳華房 編集部 亀井祐樹氏のお世話になった．この場をお借りして以上の方々に心からの謝意を表する．

2001 年 7 月 19 日

著　　者

目　　次

第1章　序　　論

1.1　環境とはなにか ·················1
1.2　自然界と人間との関わり ·········2
1.3　公害の発生 ····················7
1.4　環境モニタリング ···············10
1.5　環境化学の誕生 ················11
演習問題 ···························15

第2章　環境中の物質移動

2.1　物質を輸送する媒体 ············16
2.2　輸送媒体の働き ················18
　2.2.1　大気 ····················18
　2.2.2　海洋 ····················20
　2.2.3　河川 ····················21
2.3　定常状態 ·····················23
　2.3.1　大気 ····················23
　2.3.2　海洋 ····················25
2.4　定常状態の成立までの経過 ······25
2.5　廃棄物問題 ···················27
演習問題 ···························28

第3章　大　　気

3.1　主要成分 ·····················30
　3.1.1　窒素 ····················31
　3.1.2　酸素 ····················31
　3.1.3　二酸化炭素 ···············31
3.2　微量成分の濃度とその経年変化
　　　　························33
　3.2.1　メタン ···················33
　3.2.2　一酸化二窒素 ·············34
　3.2.3　オゾン ···················35
　3.2.4　フロン ···················36
　3.2.5　硫黄化合物 ···············38
　3.2.6　水蒸気 ···················38
　3.2.7　その他の微量気体 ·········39
　3.2.8　大気エアロゾル ···········39
3.3　大気汚染 ·····················40
　3.3.1　大気中の汚染物質濃度 ·····40
　3.3.2　都市の大気汚染 ···········41
　3.3.3　大気汚染の影響 ···········42
演習問題 ···························45

第4章 水

- 4.1 水の特異性 …………………46
- 4.2 地球上の水の分布と平均滞留時間 ……………………48
- 4.3 水収支 …………………………49
- 4.4 水資源と水利用 ………………50
  - 4.4.1 日本と世界各国の降水量 …51
  - 4.4.2 日本の地域別水資源賦存量 ……………………52
  - 4.4.3 水利用 …………………52
- 4.5 海水の化学組成 ………………53
- 4.6 陸水の化学組成 ………………55
  - 4.6.1 河川水 …………………55
  - 4.6.2 湖沼水 …………………57
  - 4.6.3 地下水 …………………59
- 4.7 雨水の化学組成 ………………59
- 4.8 水質汚染の実態と原因 ………60
  - 4.8.1 水質汚染の原因 ………60
  - 4.8.2 富栄養化・赤潮・青潮 ……64
  - 4.8.3 微量汚染物質 …………65
- 4.9 水質汚染の制御 ………………68
  - 4.9.1 台所での雑排水対策 ………68
  - 4.9.2 側溝・水路での対策 ………68
  - 4.9.3 下水道・合併浄化槽の整備 ……………………69
  - 4.9.4 自浄作用の強化 ― 多自然型川づくり ― ……………………70
  - 4.9.5 干潟・浅瀬の活用 ………70
- 演習問題 ……………………………71

第5章 土 壌

- 5.1 土壌とはなにか ………………73
- 5.2 土壌の構成成分 ………………75
- 5.3 土壌の特性 ……………………76
  - 5.3.1 通気性 …………………76
  - 5.3.2 透水性 …………………76
  - 5.3.3 保水性 …………………77
  - 5.3.4 保肥性 …………………78
- 5.4 土壌の層状構造 ………………78
- 5.5 レザーバとしての土壌 ………80
- 5.6 土壌の化学組成 ………………80
- 5.7 土壌の分類 ……………………82
- 5.8 土壌汚染 ………………………84
  - 5.8.1 土壌汚染の特徴 ………84
  - 5.8.2 汚染物質 ………………85
- 演習問題 ……………………………87

第6章 生物圏

- 6.1 生物圏の概念 …………………88
- 6.2 生物圏に存在する元素 ………89
  - 6.2.1 生物体の元素組成 ………89
  - 6.2.2 植物中の元素 …………90

6.2.3 動物中の元素 …………92	6.3.3 リンの循環 ……………100
6.2.4 生物濃縮 ………………94	6.3.4 硫黄の循環 ……………100
6.3 物質循環 ……………………94	6.3.5 水の循環 ………………101
6.3.1 炭素の循環 ……………95	演習問題 ……………………………105
6.3.2 窒素の循環 ……………98	

第7章 地球温暖化

7.1 地球の表面温度………………106	7.4.3 異常気象 ………………115
7.2 気温の変動に関与する因子……109	7.4.4 生態系に見られる変化…115
7.3 温室効果ガス …………………111	7.4.5 乾燥化 …………………115
7.4 地球温暖化がもたらす被害……113	7.5 地球温暖化の防止対策…………116
7.4.1 地球規模の災害 ………113	演習問題 ……………………………118
7.4.2 海面上昇 ………………114	

第8章 酸 性 雨

8.1 酸性雨とはなにか……………119	の変化からの推定………130
8.2 化学成分の雨水への取り込み…119	8.6 陸水・底質の緩衝作用…………132
8.3 酸性雨の実態…………………120	8.6.1 化学的緩衝作用 ………132
8.3.1 ヨーロッパ・北アメリカ…120	8.6.2 生物学的緩衝作用 ……132
8.3.2 日本……………………121	8.7 市民による酸性雨監視ネットワーク……………………………132
8.3.3 中国……………………123	
8.4 陸域生態系への影響……………125	8.7.1 全米の酸性雨監視ネットワーク…………………………133
8.4.1 土壌・森林生態系 ……125	
8.4.2 陸水生態系 ……………126	8.7.2 わが国の酸性雨監視ネットワーク…………………………134
8.5 陸水生態系の酸性化の検証……128	
8.5.1 水質・生物相の観測………128	演習問題 ……………………………135
8.5.2 堆積物中の化学成分・生物相	

さらに勉強したい人たちのために …136	問題の解答と解説 ……………………138
索　　引 ……………………………147	

第1章 序　　論

　人間を取りまく自然界が自然環境である．人間活動の規模の拡大に伴って，人間は自然環境に大きな変化を引き起こすようになった．最近では変化した自然環境が人間の生存に脅威となる事例が増加しつつある．その中でも被害を受ける範囲が地球全体に及んでいるとき，これを地球規模の環境問題とよんでいる．代表例は地球温暖化，オゾン層の破壊，酸性雨，砂漠化である．この章では人間が自然環境を変化させるほどの力をもつようになった過程を振り返り，環境問題解決のために誕生した学問分野"環境化学"の役割を解説する．

1.1　環境とはなにか

　環境（environment）とは人間との間に相互作用を及ぼし合う外界のことである．ここでいう人間とは，個人のこともあるし，集団としての人間を指すこともある．主体を人間だけに限定せず，生物全体とする定義もある．相互作用の内容も多岐にわたっている．人間の場合には自然的なものばかりでなく，人間自身がつくり出したもの，たとえば，文化的なものとの間にも相互作用が存在する．

　このように環境のもつ意味が多様化するにつれて，考察の対象となる外界を分類するようになった．外界が自然界であるときは，自然環境という．自然界は空間的に大気，水，土壌に分けられるので，これらの区分の1つを特定するときは大気環境，水環境などのように表現する．

　自然環境に対比されるものが人間のつくり出した環境，すなわち，人工環境である．都市環境，屋内環境，作業環境などがその例である．また生活環境，住環境のように自然環境と人工環境の両方にまたがっているものもある．

　このような空間的区分とともに人間に作用する因子に基づいて環境を分類す

ることもある．温度は生活の快適性を支配する重要な因子の1つである．温度の面から見た環境が温熱環境である．音響も生活の快適性に大きな影響力をもっている．音を問題とするのが音環境である．温度，音響のような物理的因子を通して見た環境が物理環境である．物理環境に対応して化学環境，生物学的環境を考えることができる．

1.2 自然界と人間との関わり

近代化する以前の人間は自然界に従属した生活を送っていた．人間の生活は自然界と一体化していたということもできる．しかし人間がその優れた知能を駆使して，自分たちの生活をより快適，かつ安全なものにするように努力を続けているうちに，人間は自然界に従属していた状態から次第に脱却して行った．こうして人間の生活レベルは高度化し，それが世界人口の爆発的増加をもたらす結果となった．図1.1に示すように，1950年に25億であった人口は1990年には倍増して53億となった．20世紀初頭の人口が16.5億であったことを考えると，人口は1950年以降急激に増加したことになる．この傾向は21

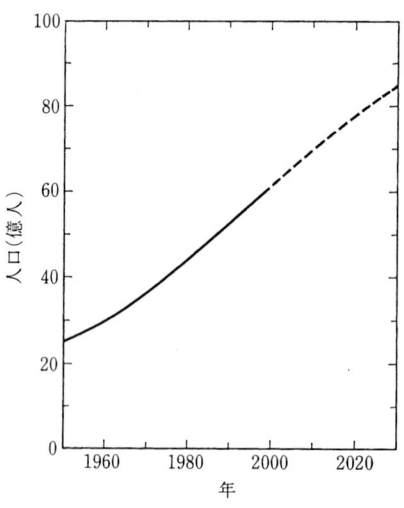

図1.1 世界人口の推移と予測

世紀になっても持続するものと予測されている．これは発展途上地域の人口増加によるところが大きい．

なぜ人口増加が自然環境に影響を与えるのであろうか．基本的な問題として人間を養うためには食糧が必要である．農業生産によって食糧供給は安定化されたが，人口の増加とともに食糧の必要量も増加して行った．人間は耕作地を拡張し，食糧確保に努めた．耕作地の増加は森林，原野の消滅を意味する．豊かな緑で覆われていた土地から植生が失われることで土地の保水性は低下し，土地の乾燥化が進行した．地球表面における水のサイクルは，人間の土地利用によって大きな影響を受けたのである．

人間が環境に及ぼす影響を評価するためには人口，生産，消費などに関する時系列的な統計データとともに，気温，降水量，大気中の二酸化炭素濃度といった具体的に自然環境の変化を示す測定値が必要である．

1991/93年度の統計によれば，耕作地，放牧地，森林が全陸地に占める割合はそれぞれ11，27，32%となっている．これを1981/83年度の値と比較して相対増減量を計算してみると，耕作地が1.3%，放牧地が3.6%増加しているのに対し，森林は3.6%減少している．森林には水を保持する働きがある．森林の減少はとりもなおさず陸が水の保持能力を低下させたことになる．また，耕作地などの水の保持能力に乏しい土地の増加は降った雨の流出を促進させる結果となった．

耕作地は単に水の流出を加速するだけの場ではない．水の流れは表層の土壌を運び去る働きをもっている．強い風にも同じ働きがある．表面の肥沃な土壌は水と風の働きでたえず運び去られている．これは土壌という農業生産のための資源の損失に他ならない．農業生産を一定のレベルに維持するために，人間は自然の力に逆らうことを余儀なくされた．このようにして人間は自然界と対立する立場に追い込まれたのである．

産業革命を契機として人間は大量の物質を消費することを覚えた．これによって消費される多くの物質について資源枯渇，環境汚染などの問題が発生したにも関わらず，便利な品が次々と発明され，しかもそれが容易に入手できるよ

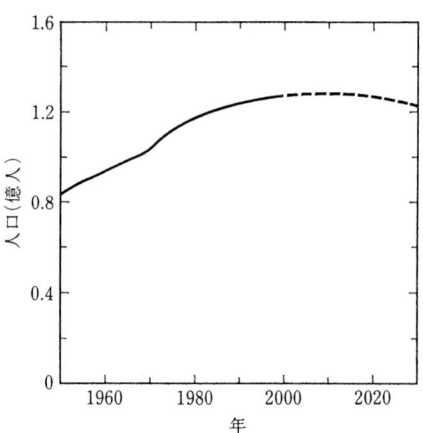

図 1.2 わが国の人口の推移と予測

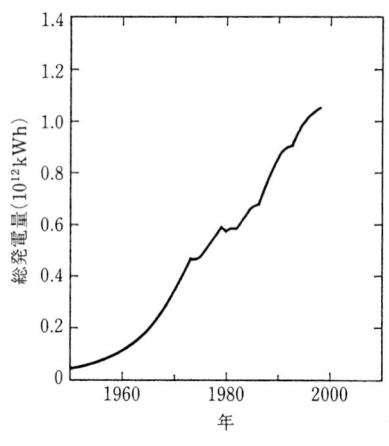

図 1.3 わが国の総発電量

うになったことから,人間は自分たちに明るい未来が約束されているものと信じてきた.

物質消費量の指標としては,原料の採掘量,各種製品の生産量が考えられる.エネルギーの利用量,たとえば,総発電量もまたこのような指標の1つである.生産活動に電気は不可欠であり,発電量が製造業における生産量に比例すると見てよいであろう.1950年以降のわが国の人口と総発電量の推移を図

1.2 と図 1.3 に示した．1995 年までの 45 年間で人口は 1.5 倍に増加したが，総発電量は 20 倍以上も増加している．自然界に影響を与えることなしに，これだけのエネルギーを取り出すことは不可能である．1996 年度のデータによると，総発電量のうちの 61% が火力，30% が原子力，残りが水力となっている．

このようにわが国では年間 1 人あたりのエネルギー消費は年を追って増加しつつある．このことを**一次エネルギー**（primary energy）について確かめてみよう．一次エネルギーとは，化石燃料のエネルギーに水力，原子力などのエネルギーを加えたものである．石炭火力のように化石燃料から二次的につくり出されたエネルギーを二次エネルギーという．都市ガスも一次エネルギーの天然ガスからつくられた二次エネルギーである．

エネルギーにはいろいろな種類があるので，その合計量を考えるときは石油の量に換算して表現することが多い．以前は石炭に換算した値が用いられていた．石炭換算値に 0.680272 を掛けると石油換算値になる．石油に換算した一次エネルギーを年間 1 人あたりで表した値が近年どのように変化してきたかを表したものが図 1.4 である．世界平均はこのところ 1400 kg 台で大きな変動は見られないが，人口の増加を考慮すれば一次エネルギー消費の総量は常に増大しつつあることが理解できる．わが国の場合は 1970 年から 1995 年に至る 25 年間で 60% も増加している．

1995 年度の一次エネルギー消費は世界平均で 1439 kg であるが，これを国別に見ると 1 位はアメリカ合衆国で 7918 kg，2 位はカナダで 7639 kg，3 位はオーストラリアで 5515 kg となっている．日本を含めた先進国の多くは 3000 〜 4000 kg となっている．発展途上国のほとんどはエネルギー消費が世界平均以下であって，先進国と発展途上国の間にはエネルギー消費の面で大きな差があることは否定できない．

大量のエネルギー消費は活発な生産活動に直結しているが，それはまた大量の廃棄物の発生を意味している．化石燃料を消費すれば二酸化炭素が放出されるし，原子力発電ではあとに放射性廃棄物が残される．このように生産活動に

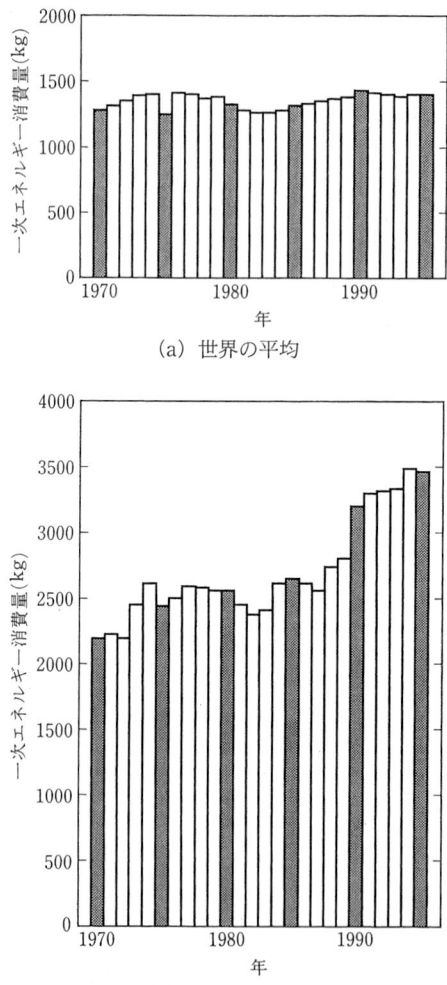

図1.4 1人あたりの一次エネルギー消費量（石油換算）

伴って必然的に廃棄物が発生する．この種の廃棄物は産業廃棄物とよばれる．しかし人間がつくり出す廃棄物はこれだけではない．生産があればそれに対応した消費がある．消費者としての人間は製品を使用した後で，これをゴミとして環境中に廃棄する．これも廃棄物である．産業廃棄物と区別するときは後者

を一般廃棄物という．各種の製品の生産量が増加するにつれて，廃棄物の発生量もそれに比例して増加しつつある．

　廃棄物が環境に大きな影響を与えていることは紛れもない事実である．これは廃棄物中の有害物質が環境中に拡散することで自然環境を汚染し，生物の生存に不適当な環境に変えてしまうからである．この現象が**環境汚染**（environmental pollution）である．環境汚染は環境の空間的区分に従って，**大気汚染**（atmospheric pollution），**水質汚濁**（water pollution．**水質汚染**ともいう），**土壌汚染**（soil pollution）に分けられる．環境中の有害物質のことを**汚染物質**（pollutant）という．

　汚染の原因を有害物質だけに限定せず，熱のような物理的要因も含めるのが通例である．たとえば，発電所などからの温排水の流入による水温上昇も水質汚濁とよばれている．従って，環境汚染とは，人間活動の結果として，環境が生物の生存に不適当な状態になることである．

1.3 公害の発生

　人口の急増，生活レベルの向上による大量の物質消費は同時に大量の廃棄物をつくり出した．ある場合には，人間は自分たちが生産あるいは消費の過程で外界に放出した廃棄物によって健康に被害を受けるようになった．単に廃棄物ばかりではなく，生産活動に伴う騒音，振動，悪臭，あるいは地盤沈下なども生活環境を悪化させる要因となった．このような環境汚染が出現した当初は**公害**（public nuisance）というよび方が一般的であった．

　公害というのは企業の活動によって地域住民が被むる人為的な災害のことであって，上述の騒音，振動，悪臭，地盤沈下に加えて大気汚染，水質汚濁，土壌汚染が含まれる．環境汚染が公害とよばれていたころは，企業は加害者であり，住民は被害者という図式が成立していた．

　放出された有害物質の毒性と放出量によって，その被害の及ぶ地域的広がりの大小が決定される．世界的に知られているわが国の公害の例としては，鉱山から流出した鉱滓に含まれていたカドミウムが原因とされる富山県のイタイイ

タイ病，工場廃液中の水銀で汚染された魚を食べたことで1953～1959年ころ熊本県水俣地方で集団発生した水俣病がある．イタイイタイ病，水俣病とも公害病として認定されたのは1968年であった．

　化学工場の爆発事故で一時に大量の有害物質が環境中に放出されることがある．このような事故は時として大きな被害を与えるが，それ以上に大きな問題を引き起こすのは，1回の放出量が少量であってもそれが長期間にわたって継続された場合である．上に述べた事例はどちらも持続的放出によって発生した公害である．有害物質が環境に及ぼす影響は濃度ばかりでなく，放出された総量も考慮して評価しなければならないことが分かる．

　人間は自然界には有害物質を分解・除去する能力，すなわち，自浄作用があると信じてきた．その作用は主として微生物の働きによるものである．人間はその作用を過大評価していたようである．実際は微生物が分解可能な有機物でさえも，自然界の浄化能力を超えた量が環境中に放出されると有機物による汚染が起こる．家庭排水が未処理のままで河川に流入するときは，その量がある限界以上になると河川は有機物で汚染された状態となる．この例が示すように，自然界は脆弱であって，限度を超えた人間活動によって崩壊の危機に立たされている．

　有害物質といっても，それが有機物であって，しかも量が少なければ，微生物の働きで分解されて水と二酸化炭素になり，短時間で無害化されると思われていた．ところがこれまで自然界には存在しなかった有機化合物で人間が合成したものの中には，微生物の作用をほとんど受け付けないものが存在する．有機塩素化合物の**ポリクロロビフェニル**（polychlorobiphenyl，PCB）はその一例であって，化学的にも極めて安定な化合物である．化学的安定性に加えて不燃性，電気絶縁性，水に対する難溶性などの特性があるので，変圧器絶縁油，熱媒体，感圧紙に広く使用されてきた．環境中に放出されても分解せず，しかも脂溶性であるために生体中に濃縮され，慢性毒性を示す物質である．

　わが国でPCBに関連した健康被害としては1968年に発生したカネミ油症がよく知られている．これはライスオイル（米糠油）を製造するときの脱臭過

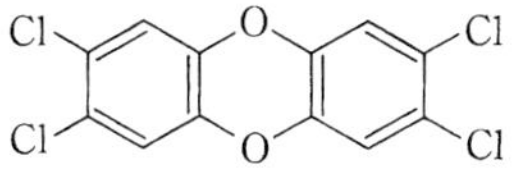

1.3 公害の発生

(a) 2,3,7,8-テトラクロロジベンゾ-p-ジオキシン
(2,3,7,8-TCDD)

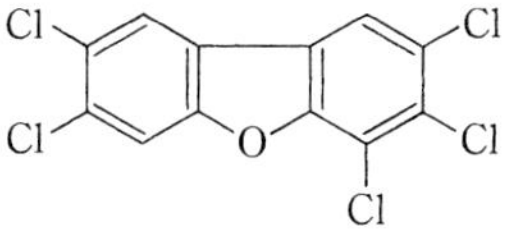

(b) 2,3,4,7,8-ペンタクロロジベンゾフラン

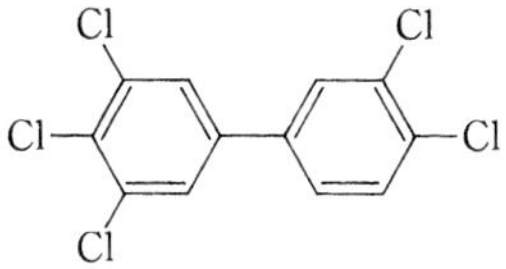

(c) 3,3′,4,4′,5-ペンタクロロビフェニル

図1.5 ダイオキシン類の構造式

程で熱媒体として使用されたカネクロール400（テトラクロロビフェニルを主成分とするPCB混合物）が製品中に混入したために起こった病気である．最初はPCBそのものが原因物質と考えられていたが，真の原因物質はPCB中の不純物である**ポリクロロジベンゾフラン**（polychlorodibenzofuran, PCDF）であった．PCDFは食用油の製造過程で濃縮され，ライスオイル中には5000 ppbも含まれていた．その食用油で被害を受けた人は福岡県を中心に1800人に及んだ．

PCDFと類縁の化合物に**ポリクロロジベンゾ-p-ジオキシン**（polychlorodibenzo-p-dioxin, PCDD）がある．PCDFとPCDDを一緒にしてダイオキシン類とよんでいる．なお，ダイオキシン類による環境汚染の防止とその除去を図るために1999年に制定されたダイオキシン類対策特別措置法ではこれらの化合物と同様の毒性を示すコプラナPCB（2個のベンゼン環が同じ平面上にあるPCB）を含めてダイオキシン類と定義している．PCDD，PCDF，コプラナPCBはすべて類似の構造をもつ有機塩素化合物である．図1.5にはPCDD，PCDF，コプラナPCBのそれぞれから毒性が最も強い化合物を選ん

で示した．これらの化合物で塩素が部分的に臭素で置換された化合物も同様の毒性を示すことが指摘されている．ダイオキシン類の環境問題については3.3節，5.8節にも記述がある．

環境分野ではダイオキシン類の化合物の名称として化学名のクロロの代わりに塩化を用いている．たとえば，ポリ塩化ビフェニル，ポリ塩化ジベンゾ-パラ-ジオキシンのようにいう．なお，図中の2,3,7,8-TCDDの正しい化学名は2,3,7,8-テトラクロロジベンゾ$[b,e][1,4]$ジオキシンである．

水銀のような有害重金属の場合は，それが化学的あるいは生物学的分解によって消滅することは起こり得ない．ただし存在状態によって毒性が異なることがある．有機水銀は無機水銀よりも毒性が強いことが知られている．重金属が不溶化すればその害は軽減されるが，これでは本質的な解決にはならない．重金属が海に運ばれて沈殿し，海底土の中に埋没することで環境から隔離される．人間が有害廃棄物を深い廃坑の中に埋めるのも同じ考えに基づくものである．ここで初めて汚染物質が地表から消滅したということができる．

1.4 環境モニタリング

人間活動が環境を悪化させたことは明白な事実である．環境がどの程度に悪化したかを把握するためには悪化に関係している物理的，化学的パラメータを空間的あるいは時系列的に測定することが必要である．騒音のレベル，大気中の窒素酸化物の濃度，河川水中の溶存酸素濃度などがパラメータの例であり，これらを測定することが**環境モニタリング**（environmental monitoring）である．

被害を受ける人の数からいうと，有害物質，とくに発生源から遠方まで移動する物質が問題視される．気体あるいは微粒子の形で放出された物質は風によって長距離輸送される．河川に流入した物質は遠く離れた下流部，場合によっては海にまで到達する．有害物質が長期にわたって，しかも連続的に放出されるならば，これによって広い地域に被害が発生するのである．環境モニタリングは有害物質による被害を最小限に抑えるため，また有害物質の生産，使用，

廃棄を規制したときの効果を確認するために必要である．

　化学物質の毒性はその濃度ばかりでなく，その物質との接触時間にも関係する．たとえ低濃度であっても，その物質とたえず接触していれば，障害の発生する可能性が高い．

　モニタリングの対象は生物に害を与える物質とは限らない．二酸化炭素，メタンのようにそれ自体は無害であっても，これが大気中に蓄積することで**温室効果**（greenhouse effect）が引き起こされている．これらの気体のように，地球全体の環境を変化させる物質のモニタリングも行われている．このような場合には地球規模でのモニタリングが必要となる．地域的なモニタリングに対して地球規模のモニタリングを**地球環境モニタリング**（global environmental monitoring）という．

　このように対象物質の種類が増えて行くにつれて，初期の公害で考えられたような企業が加害者で住民は被害者という関係は成立しなくなってきた．問題によっては住民も環境悪化の加害者と見なされるようになった．消費者としての住民は，いろいろな物質を消費しているが，それは同時に廃棄物をつくり出すことでもある．この廃棄物が環境悪化につながっているのである．また住民のエネルギーの消費も同様である．エネルギーの生産には化石燃料が使用されている．従って消費者が使用したエネルギーに比例して大気中に二酸化炭素が放出されたことになる．企業とは桁が違うとはいうものの，住民も地球温暖化の促進に一役買っているのである．

1.5　環境化学の誕生

　わが国で疲弊した国力を回復させ，国民生活を安定させるために生産活動が再開されたのは戦後しばらく経ってからであった．朝鮮戦争（1950〜1953）による特需景気は日本経済の成長に大きく寄与した．生産優先の旗印のもと，高度経済成長（1955〜1973）が続いた．この時期には生産に伴って発生した廃棄物は未処理，あるいは不完全に処理されたままで工場から環境中に放出されていた．平然としてこのようなことを行っていた背景には利益の追求ばかり

でなく，それとともに環境に対する知識の欠如もあった．

　二酸化硫黄を含む排煙が大気を汚染し，有害物質を含む排水が河川を汚濁させた．これによって1950年ころまでは汚染のない，自然そのままの姿にあった大気，河川の状況が一変した．この傾向はとくに都市部で顕著であった．それでは田園地帯には昔ながらの自然が残っていたかというとそうではなかった．農業生産もまた環境を悪化させたのである．原因は大量の化学肥料と農薬の施用であった．R. Carson が "Silent Spring"（1962）の中で指摘したことが，わが国でも現実のものとなり，田園地帯から生物が消えて行った．以前はどこにでもいたような昆虫や水生動物が見られなくなった．

　このような環境悪化は程度の差こそあれ多くの先進国に共通した現象であった．人間も環境悪化の影響を免れることはできなかった．有害物質が原因と見られる病気が発生した．環境問題の深刻さに気付いた人間は，既存の学問分野の中で環境と密接な関係のある分野の力を借りて問題の原因解明とその対策に乗りだした．こうして既存の分野の名前に"環境"を冠した分野が誕生した．環境化学，環境生物学，環境地学，環境工学などがその例である．これらの分野は細分化の方向に進んでいるが，それとともに多くの分野が協力して複雑な環境問題に取り組むための総合的な学問としての**環境科学**（environmental sciences）が発展してきた．

　環境問題を化学的に研究する学問分野が**環境化学**（environmental chemistry）である．環境化学は環境科学の一分野でもある．初期の環境化学は，当時各地で発生していた局地的環境汚染の拡大を防ぎ，その被害を最小限にとどめることを目的とする，実用性だけを重視した分野であった．当然のことながら学問的体系は未完成の状態にあった．

　環境化学の成立を支援した分野として最初にあげられるのは分析化学である．しかし大気，水，土壌，生物といった環境試料を分析したからといってそれが直ちに環境化学の研究ということにはならない．すでに1920年代には北米の大学の化学教室で天然水の分析が行われていた．これをもって環境化学の始まりと主張する学者もいるが，けれども当時はまだ環境という意識がなかっ

たので，戦前の天然水分析をもって環境化学の始まりとする説に賛成する人は皆無とはいわないまでも，少数派であることに間違いはない．

戦後の研究でも，そのころの最新分析技術を環境試料に応用しただけのものが多数含まれていた．しかしながら海水，土壌のように複雑な組成をもつ試料中の汚染物質の痕跡量を正確に定量することは決して容易なことではなかった．この種の困難さに打ち勝つことが**環境分析**（environmental analysis）の発展につながって行ったことを考えると，これらの研究は環境化学の体系化に少なからず貢献したことになる．

環境試料中の汚染物質の濃度を記録しておくことだけが環境化学の目的ではない．データを整理することで汚染物質の地域的あるいは全地球的分布，特定の地点における汚染物質濃度の経時的変化を明らかにすることで，汚染物質の発生源を突き止め，今後汚染がどのように拡大して行くかを予測するための方法論を開発することである．

正確な将来予測というのは，汚染物質濃度-時間曲線を将来のある時点まで単純に補外することではない．予想される発生源数の増減，放出量の変動を含めた予測でなければならない．これに加えて環境中の有害物質の消滅に至るまでの挙動を解明し，その挙動に関与するさまざまな因子の影響を評価することも社会的ニーズとなっている．これに応えることが初期の汚染対策的な環境化学から脱皮して，他の学問分野と比肩し得る環境化学を確立するための試金石でもあった．

忘れてはならないことは環境問題のほとんどが生産活動に起因していることである．人間活動の影響は人間がつくり出す製品の生産量，あるいは消費量から推定することができる．原油と鉄鉱石生産量の年度による推移を示したものが図1.6である．多少の変動はあるものの，年間生産量は常に増大の傾向にあると見てよいであろう．原油，鉄鉱石の採掘は"再生されることのない"資源の消費であり，これが資源枯渇の問題と密接に関連していることはいうまでもない．

汚染物質の分布が地球規模にまで拡大してしまった現在，地球規模で環境問

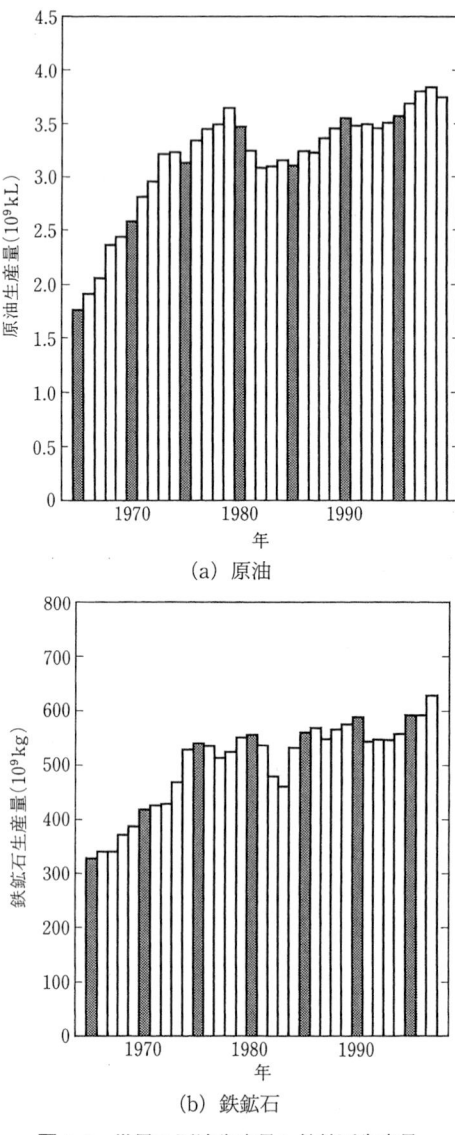

図1.6 世界の原油生産量と鉄鉱石生産量

題を考えることが常識化した．今や地球全体を通じての物質移動を研究することが環境化学に要求されている．この段階で環境化学は地球化学とのつながり

を強めて行った．地球化学は地球全体を対象として元素の分布と移動を研究する学問であり，空間的にも時間的にもそのスケールは環境化学よりもはるかに大きいが，環境問題の長期化に伴って両者の間には**環境地球化学**（environmental geochemistry）という新しい分野が形成されて行った．地球化学の側ではこの分野を応用地球化学の中に含めている．このような研究領域の拡大を環境化学の側から見れば，大きな学問的前進といえよう．

演 習 問 題

［1］自然環境は空間的にどのように区分されるか．人間が接触することのない地球深部も自然環境の一部と考える必要はないか．

［2］世界人口の増加に伴って，今後の世界の耕作地，放牧地，森林の面積はどのように変化するか予測せよ．

［3］自然界の自浄作用に限界があることを示す例をあげよ．

［4］自然環境がこれ以上破壊されないようにするためには，人間はどのようなことに注意しなければならないか．

［5］環境モニタリングとはなにか．これはどのような目的で行われるものか．

［6］有害物質が環境中から消滅したということは，その物質がどのような状態になったことを意味するか．

第2章　環境中の物質移動

　地球上の物質は速い遅いの差こそあれ，たえず移動している．ある地点で放出された汚染物質がはるか離れた地点にまで到達するのは，物質が移動した結果である．かつての物質移動は自然過程に従うものであったが，産業革命以降，人間が物質移動に大きく関与するようになった．それによって発生した自然界における物質分布の乱れが環境汚染である．この章では物質移動の速度を支配する因子と物質移動の定量的取り扱いについて述べる．

2.1　物質を輸送する媒体

　汚染物質が環境中に放出された地点からほとんど移動しなければ，その被害は放出点付近に限られる．これに対して汚染物質が遠方まで移動するときは広い地域にわたって被害が発生する．汚染物質が移動する過程で希釈されたり，除去されたりするときは，放出点からの距離が長くなるほど被害は少なくなる．

　環境を構成する物質の大部分は無生物である．無生物が自発的に移動することはないが，自然界では風が吹き，川が流れている．このような現象は空気，水の移動を意味している．空気にしろ，水にしろ自発的に動く性質のものではない．風は地球の自転，気圧差などによって生じる空気の移動であり，河川の流れは重力によって高所の水が低いところへ移動することである．生物も物質の移動に寄与している．たとえば，プランクトンは水中の成分を吸収し，濃縮する働きがあるので，プランクトンの遺骸が沈降することは水中の物質を水底の泥の中に輸送することになる．

　その意味では氷河もプレートテクトニクスでいうプレート（地球表面を覆っている岩盤の板）も輸送の媒体と考えることができる．たしかにプレートは大

量の物質を運搬してはいるが，その速度が非常に遅いので環境化学的な時間スケールではその寄与を無視することができる．

このような空気・水の流れ，生物の働きによっていろいろな物質が運ばれている．このことから空気，水，生物を物質輸送の媒体と考えることができる．環境中に放出された汚染物質は輸送媒体の作用で遠方まで到達し，ついには地球全体を汚染することになる．

これらの媒体は輸送する速度と単位時間あたりの輸送量によって特徴づけられる．平均的な速度から見れば，空気が最も速く，水がそれに次いでいる．水は河川ばかりではない．海には海水，地下には地下水がある．輸送量から見れば水の中では海流の寄与が最も大きい．空気，水はその速度によって輸送能力が異なる．強い風は粗大な粒子も運ぶことができるが，弱い風は微細な粒子しか輸送できない．河川の場合も同様で，流れが強いほど大きな粒子まで輸送することができる．

生物は特定の元素を濃縮することがある．そのため元素単位で物質の流れを考えるとき，生物が果たす役割を忘れてはならない．たとえば，プランクトンは海水中のカルシウムを吸収してそれ自身の骨格を形成している．プランクトンは魚に捕食され，糞として排泄されて海底に沈降する．プランクトンは海水中のカルシウムを海洋堆積物中に運搬する役割を担っていることになる．

上に述べた自然の作用による物質の移動に加えて人間の働きによる物質の移動がある．人間が原始的な生活を営んでいたころは，人間が移動させる物質の量は自然界の物質移動に比較して無視することができた．ところが人間の生活が高度化し，大量の物質を消費するようになると，物質の移動に及ぼす人間の影響が無視できなくなってきた．人間は動植物，あるいは地下資源を原料としてさまざまな製品をつくり出してきた．さらにこれらの製品を消費し，最終的には廃棄することで人間界を通過する新しい物質の流れを生み出したのである．

空間的に区分するならば，環境は大気，水，土壌・岩石に分けることができる．これらを気圏，水圏，土壌圏，岩石圏とよぶこともある．物質移動という

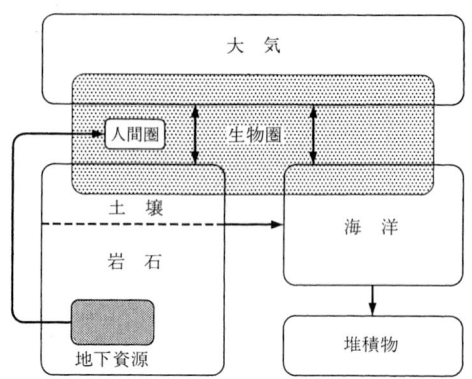

図 2.1 環境を構成する大気，水，土壌・岩石，生物圏，人間圏の相互関係とこれらの間の物質の流れ

観点から区分すれば，生物全体は上述の空間的区分とは異質の集団を形成していることになる．生物が活動する空間的領域は大気，水，土壌の全域にわたっている．この領域を**生物圏**（biosphere）というが，生物全体を同じ名称でよぶこともある．人間の集団も広い意味では生物圏に属しているが，物質移動に大きな影響を及ぼすことから生物圏の内部に人間圏（人類圏ともいう）を設定することができる．人間圏の特徴は生物としての人間ばかりでなく，人間が所有するすべての物質，たとえば，建築物，機械，装置などを包括している点にある．

図 2.1 は生物圏，人間圏を加えて環境の構成を概念的に示したものである．気圏，水圏，土壌・岩石，生物圏，人間圏の間には物質移動の道が張り巡らされている．この道は人体でいえば血管に相当する．この道を通って物質は環境中を循環するのである．

2.2 輸送媒体の働き
2.2.1 大 気

地球の大気は，太陽から受ける熱で生じる大陸・海洋間の温度差と地球の自転によって大きな流れを形成している．流れの方向は高度によって異なるので，大気中に放出された物質が到達する高度によって移動が支配される．

地表付近の風について見ると,中緯度域では西風,熱帯域では東風が卓越している.また夏には冷えた海洋から暖かい大陸へ向かって,冬には冷えた大陸から暖かい海洋へ向かって風が吹く.これが季節風（モンスーン）である.地表付近では山脈によって流れが乱され,複雑な動きをする.

高層の風について見ると,地上風と同様に中高緯度域では西風,熱帯域では東風が卓越している.中緯度域の偏西風の中心は地表から高さ12km付近に存在し,その速度は夏では15m/s,冬には35m/sにも及ぶ.火山噴火,工場の大爆発などで高層まで舞い上がった物質はこの風に乗って短時間で地球を一周する.この例として1986年4月26日に発生したチェルノブイリ原子力発電所の事故がある.このとき放出された放射性物質は5月3〜5日に日本を通過したが,それが世界を一周して再びわが国に到着したのはその20日後であった.このようにいったん高所まで吹き上げられた微細な粒子は大気全体に拡散し,地球上の至る所に降下する結果となる.この例は大気が,大気中に放出された物質を地球のすみずみまで輸送する上で効果的な媒体であることを証明している.

季節風によって運ばれる物質の例に黄砂がある.これは春先に中国大陸奥地で発生した砂塵を北西の季節風が運んできたものである.粒径によって運ばれる距離が異なり,遠距離まで移動するのは微細な粒子である.砂塵が発生してから日本に到達するまでの移動速度は1日あたり500kmにも及ぶ.大陸内で放出された汚染物質も同じ機構で日本まで運ばれてくる.

このような地球規模での大気の流れによって輸送される物質の量は表2.1のように推定されている.輸送媒体の方から見ればこの量は輸送量であるが,輸

表2.1 地球規模で輸送される粒子状物質

種 類	輸送量 (10^9 kg/y)
海塩粒子	1000〜1500
土壌粒子	500〜750
火山灰	25〜50
森林火災起源	35

送される物質を主体として見れば移動量となる．海洋から発生する海水のしぶきは移動する過程で水分を失って海塩粒子となる．これが量的には最も多く，その次が地球上の乾燥地域から強風で舞い上がった土壌粒子である．

これらの粒子のうち自然起源の物質は海塩粒子と土壌粒子である．これらの化学組成が分かれば元素ごとの年間移動量を計算することができる．たとえば，塩素の移動量は海塩粒子の組成が海水中の溶存塩の組成に等しいと仮定することで求めることができる．この仮定に基づくと海塩粒子の塩素含量は55％となる．従って塩素の年間移動量は $0.55 \times 10^{12} \sim 0.83 \times 10^{12}$ kg となる．

このような地球全体を取りまく大きな大気の流れのほかに，海陸風とよばれる地域的な風が存在する．日中は陸上の空気が加熱されて軽くなるので海から陸に向かって海風が吹く．都市，工場群などは海岸付近に発達することが多いので，そこから発生する汚染物質は内陸部へ輸送される．夕方になると温度関係は逆転し，風の方向が逆になる．陸風とよばれるものがこれである．海陸風が原因と見られる被害は各地に見られる．神奈川県丹沢山地ではモミの立ち枯れが顕著であるが，これは海岸近くで発生した酸性物質が海風に乗って山腹を這い上がり，酸性霧として樹木に付着したために起こった現象である．

大気中に放出された物質の影響が局地的か，それとも地球全体に波及するかは，放出された物質の性質（大気中の滞留時間など），放出の継続時間，全放出量，風向・風速，発生源の標高など多くの因子に依存している．

2.2.2 海　洋

大気中に流れがあるように海洋中にも流れがある．これが海流である．海流は大陸によって流れが妨げられるので，複雑な動きをする．この流れを生み出す原動力は，海面を吹く風と地球の自転である．これによって生じる海流を風成循環という．太平洋，大西洋とも中緯度域には亜熱帯循環とよばれる海流が存在し，北半球では時計回り，南半球では反時計回りの流れをつくっている．その影響は亜熱帯循環では深さ1000 m付近まで及んでいる．黒潮は亜熱帯循環の一部であって，流れの幅は $100 \sim 200$ km，表面流速は平均 1.5 m/s であ

る．

　海洋の表面部分は風のために上下方向のかき混ぜが効果的に行われている．表面から 100 〜 500 m の深さまでは組成が均質化されている．仮に日本である物質を大量に黒潮の中に投棄したとすれば，比較的短期間で太平洋の北半球部分の表面海水中に広がって行くはずである．

　これとは別に海水の密度差によって引き起こされる垂直方向の流れ，熱塩循環がある．高緯度域の海水は温度が低いので密度が高くなり，次第に深部へと沈降し，深層を低緯度域へと流れて行く．ただし，その速度は風成循環と比較してはるかに遅く，1 cm/s またはそれ以下であるが，陸から供給された物質を海洋全体に拡散させる上で重要な役割を果たしている．このように海流は海水全体をかき混ぜて均質化する働きがある．地球上のある地点で海洋中に放出された物質は，それが沈殿生成，生物による吸収などで消滅しない限り，いずれは海洋全体に拡散して行く運命にある．

2.2.3　河　川

　陸上に降った雨が集まって小さい流れをつくり，このような流れが合流して大きな河川となる．河川は陸から海へ物質を輸送するパイプである．河川はいろいろな物質を溶存状態と懸濁状態で水中に保持している．水量が多く，流れが強いほど輸送できる固体粒子の粒径は大きくなる．地球全体としての年間輸送量は河川の年間流量と河川水に含まれる物質の濃度から計算することができる．世界河川の年間流量は 40×10^{15} L，河川水中の溶存物質は 100 mg/L，懸濁物質は 400 mg/L である．従って年間輸送量は溶存物質が 4.0×10^{12} kg，懸濁物質が 16×10^{12} kg，合計 20×10^{12} kg となる．

　溶存物質としては海塩粒子と岩石の風化で溶出した成分が重要であるが，それ以外に人間活動に由来する物質が含まれている．非汚染河川であれば，人間活動の影響は小さい．懸濁物質は岩石の風化で生じた粒子状物質が主成分である．この中には土壌粒子も含まれている．土壌は無機物と有機物の複合体であって，このうち無機物は岩石の風化で生じた粒子状物質である．

　懸濁物質中の有機物の量は大きく変動するが，平均して 10% が有機物であ

るとすれば，無機態懸濁物質の移動量は年間 14×10^{12} kg となる．これだけの量の岩石が河川を通じて陸から海へ輸送されているのである．これは大気を経由する土壌粒子の移動量 $0.5 \times 10^{12} \sim 0.75 \times 10^{12}$ kg よりも 1 桁大きく，物質輸送における河川の重要性を示している．

　陸の岩石の平均組成は分かっているので，元素ごとに陸から海への移動量を計算することができる．ただし，その元素の移動経路は河川だけであることが必要である．この値は人間活動の関係しない自然の状態における元素移動量と考えることができる．岩石中に 100 ppm 含まれる元素であれば，その年間移動量は 1.4×10^{9} kg となる．これを人間が採掘，生産する量と比較すれば，人間が環境に与える影響を評価することができる．岩石の代わりに土壌の平均組成を用いることもできる．一部の元素を除けば，土壌中の元素濃度は岩石中の元素濃度にほぼ等しい．

　図 2.2 は銅，亜鉛，鉛といった岩石中での低濃度元素の自然過程における移動量よりも人間活動による生産量が上回っていることを示している．この図では自然過程によって河川を通じて輸送される陸の物質（岩石）の量を $20 \times$

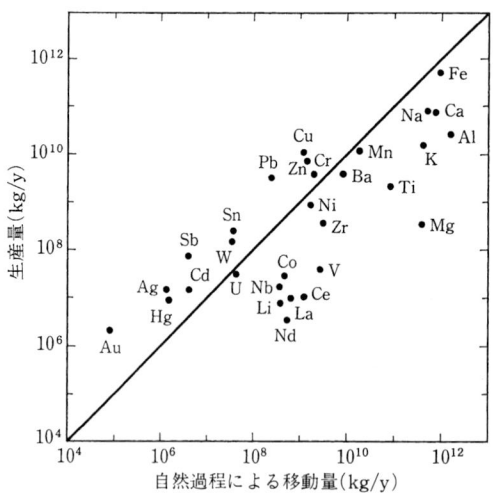

図 2.2　自然過程による河川を通じての元素の年間移動量（1996 年）と人間活動で生産される量の比較

2.3 定常状態

表 2.2　元素の年間生産量と岩石中の平均濃度

元素	生産量[a] (10^6 kg/y) 1996 年	2002 年	岩石中の平均濃度
ナトリウム	74.451×10^3	75.482×10^3	2.83 %
アルミニウム[b]	25.7×10^3	32.8×10^3	8.13 %
カリウム	21.234×10^3	27.494×10^3	2.59 %
バナジウム	35.0	…	135 ppm
クロム	3.795×10^3	9.798×10^3	100 ppm
マンガン	11.191×10^3	10.590×10^3	950 ppm
鉄	588.328×10^3	672.948×10^3	5.00 %
コバルト	24.859	38.406	25 ppm
ニッケル	769.601	1316.625	75 ppm
銅	10.138×10^3	13.495×10^3	55 ppm
亜鉛	7.092×10^3	8.379×10^3	70 ppm
モリブデン	128.315	124.962	1.5 ppm
銀	15.339	20.020	0.07 ppm
スズ	208.294	418.088	2 ppm
アンチモン	82.101	148.060	0.2 ppm
タングステン	132.228	59.595	1.5 ppm
金	2.016	3.083	0.004 ppm
鉛	2.978×10^3	2.934×10^3	13 ppm
ウラン	30.993	39.564	1.8 ppm

[a] 総務庁統計局編：世界の統計 2000 年版，大蔵省印刷局（2000）および総務省統計研修所編：世界の統計 2006 年版，日本統計協会（2006）による
[b] ボーキサイトの生産量から計算

10^{12} kg/y と仮定している．図作成に用いたデータの一部を表 2.2 にまとめた．実際の金属生産高はここで用いた値よりも大きいのが普通である．それは回収されたスクラップなどから再生された量を含むからである．

　生産された元素が直ちに消費され，それに続いて河川に廃棄されるわけではないが，いずれは水に溶けた状態，あるいは懸濁した状態で河川に流入する可能性がある．この問題に対処するためには，人間圏に個々の元素がどのくらい蓄えられているかを調べておくことが必要である．

2.3 定常状態

2.3.1 大　気

一部の成分を除けば，大気の組成は長期間にわたって一定に保たれてきた．

近年，人間活動の活発化に伴って一部の成分については濃度変動が認められている．濃度が変化しないことはその成分の大気への供給量と大気からの消滅量が等しいことを意味する．

大気中の成分の消滅にはいろいろな過程が考えられる．二酸化硫黄は大気中で酸化され，水蒸気と結合して硫酸の微細な液滴となる．酸化された時点で二酸化硫黄は消滅したことになるが，これを硫黄という元素として見ると化学状態が変化しただけであって，硫黄自体は依然として存在しているのである．硫酸の液滴が地上の障害物に捕集されたときに，硫黄は大気中から消滅したことになる．大気中の物質の消滅過程としては，化学反応，植物による捕集，海洋による吸収などがある．成分によっては消滅よりも，除去，沈着，降下，溶解などの表現が適していることもある．これに対応して消滅量の代わりに除去量，沈着量，降下量，溶解量などの語を用いることができる．

供給量と消滅量が等しい状態を**定常状態**（steady state）という．定常状態は気体成分ばかりでなく，浮遊粒子状物質についても成立していると考えてよい．粒子状物質の場合は，供給量よりも発生量ということが多い．粒子状物質の発生量を測定することは難しいが，降下量は比較的容易に測定できる．発生量，あるいは消滅量のどちらかが測定できるのであれば，環境中の物質移動を定量的に取り扱うことができる．

大気中のある成分の全量 M を，その成分の年間供給量 D で割った値を**平均滞留時間**（mean residence time）という．平均滞留時間を t_m で表せば

$$t_m = \frac{M}{D} \tag{2.1}$$

となる．t_m はその成分が大気中に供給されてから消滅するまで要した時間の平均である．D が年間供給量で示されているので，この場合の t_m の単位は年である．なお，M を環境中のある"場所"に貯蔵されている量と考えて貯留量ということもある．これに対応して，この"場所"のことを**レザーバ**（reservoir）あるいは**貯蔵源**とよぶことにする．

化学的に安定な気体分子は平均滞留時間が長い．主な気体成分の平均滞留時

間を表 3.1 に示した．大気中の窒素の全量は 3.9×10^{18} kg，年間供給量は 0.43×10^{12} kg である．従って，窒素の平均滞留時間は 9×10^6 年となる．化学的には窒素よりも反応性が大きい酸素の平均滞留時間は 8×10^3 年とかなり短くなる．粒子状物質であれば，粒径が小さいほど大気中に長時間滞留することができ，粗い粒子よりも平均滞留時間は長くなる．

大気だけに限らず，陸・海を含めた物質のサイクルを定量的に表した図ではレザーバごとに定常状態を前提として供給量と消滅量（除去量）を見積もっている．具体的な例を 6.3 節に示した．

2.3.2 海洋

大気と同様に海洋においても定常状態が成立している．海水の主成分であるナトリウムイオン，塩化物イオンなどの濃度は少なくともここ数億年の間，一定に保たれていることが分かっている．これは海洋へのこれらのイオンの年間供給量と海洋からの年間除去量が等しいことを示唆している．海水中の主成分について収支のバランスが成り立っていることを検証する試みは繰り返し行われたが，すべての成分について除去過程が定量的に解明されるまでには至っていない．

溶存成分は河川を通じて海洋に供給されているので，世界中の河川の年間流量の合計と河川水の平均組成から成分ごとに海洋への年間供給量を計算することができる．また海水の全量と平均組成も分かっているので，これから主要成分について海洋中の全量が求められる．式 (2.1) を用いれば，これらのデータから平均滞留時間が算出される．主要成分の平均滞留時間を表 4.4 に示した．

2.4 定常状態の成立までの経過

すべての成分が環境中に出現した時点から定常状態にあったわけではない．時間を遡って大気，あるいは海洋中に存在する個々の成分の濃度を追跡することはほとんど不可能に近い．しかしながら，ある成分がレザーバ，たとえば，大気または海洋中に単位時間あたり一定量ずつ供給され続けた場合の濃度変化

は，次のような簡単なモデルから推定できる．レザーバ中に存在する成分 X の貯留量を M，X のレザーバへの単位時間あたりの供給量を D とする．レザーバ中の X はいろいろな過程によって消滅して行くが，単位時間あたりの消滅量が M に比例すると仮定する．この比例定数を k で表すことにする．k が大きいほど消滅する速度が大きくなる．時間 Δt の間にレザーバ中の X の量が ΔM だけ増加したとする．

$$\Delta M = D\,\Delta t - kM\,\Delta t \tag{2.2}$$

D を定数とすれば，式 (2.2) を微分方程式に書き換えて解くことができる．X がレザーバ中に出現した瞬間を $t = 0$ とし，それ以前には X はレザーバ中に存在しなかったとすれば，$t = 0$ のとき，$M = 0$ となる．これを初期条件とすれば，微分方程式の解は，次式で与えられる．

$$M = \frac{D}{k}(1 - e^{-kt}) \tag{2.3}$$

この式で $t \to \infty$ とすれば，$M = D/k$ で一定となる．すなわち，定常状態が成立したことになる．これと式 (2.1) を比較すれば，k は平均滞留時間 t_m の逆数であることが理解できる．図 2.3 に式 (2.3) で表された貯留量 M の時間的変化の例を示した．原点における勾配は年間供給量 D に相当する．

人間活動が関与することで D が $D + \Delta D$ に増加したとすれば，レザーバ中の最終貯留量は $(D + \Delta D)/k$ となる．人間活動が現在のように活発化する以

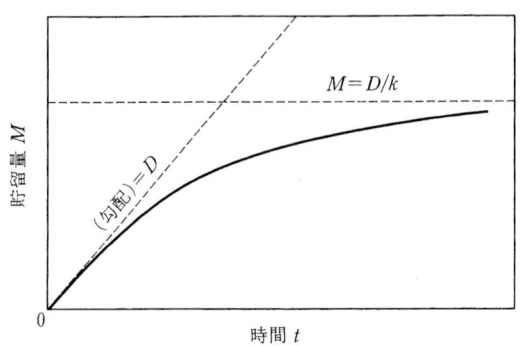

図 2.3　レザーバ中の貯留量 M の時間的変化の例

前の大気中の二酸化炭素濃度は280 ppmvと推定されている．自然過程を通じて大気中に供給される二酸化炭素の量は炭素として年間200×10^{12} kgである．これに対して人間活動（化石燃料の消費，森林伐採など）によって放出される量は年間7×10^{12} kgである．人間活動が加わることによって大気中への二酸化炭素供給量は年間200×10^{12} kgから207×10^{12} kgへ増加したことになる．定常状態が成立しているのであれば，大気中の二酸化炭素濃度は290 ppmvにとどまるはずであった．実測値はすでに360 ppmvを超えている．

この例はレザーバへの物質供給量がDから$D + \Delta D$に増大したとき，期待される貯留量$(D + \Delta D)/k$を超えて貯留量が一時的に増大することを示している．このような現象が起こるのはなぜか．自然界はさまざまな外部条件の変化に対して必ずしも迅速には応答しないことがあげられる．大気中の二酸化炭素濃度が増えたからといって植物が光合成による二酸化炭素の固定量を急に増やすことはない．必然的に貯留量は増大することになる．ところが式（2.2）はレザーバ内の貯留量が増えれば，直ちにそれに対応して除去される量も増加することを仮定としている．

短時間で起こる変化に対しては，式（2.2）の関係は成立しない．そのために貯留量は理論通りには変化しないのが普通である．地球のような大きな系では，化学実験装置のような小さな系と異なり，定常状態の成立に長時間を要する．国際的な取り決めによって大気中への二酸化炭素の年間放出量をあるレベル以下に抑えたとしても，その効果が現れて大気中の濃度が減少し始めるのは大分先のことになる．

2.5 廃棄物問題

人間圏を1つのレザーバと見なせば，外部からの物質流入量が増加するにつれて貯留量は増大し，それとともに外部への放出量も増加するはずである．外部へ放出される物質とはとりもなおさず廃棄物のことである．

廃棄物は産業廃棄物と一般廃棄物（生活系と一部の事業系から出るゴミ）に分けられる．わが国で家庭・学校・商店・事務所などから出されたゴミを地方

自治体が回収・処理した一般廃棄物の量は5054万トン（1994年），1人あたりに換算して年間400 kgであった．諸外国の例を見るとこの量は200〜700 kgであって，わが国の値は国際的に見て平均に近い．

一般廃棄物の処理状況として東京都町田市の例を紹介しておく．同市のデータによると2000年度における人口は377305人，一般廃棄物の全量は139464トンであった．このうち焼却された量は100394トン，資源化された量は25199トン（全体の18.1%）であった．焼却によって生じた残留物は12433トン（焼却量の12.4%）であるが，これに焼却せずに直接埋め立てに回された汚泥，土砂，がれきなど397トンを加えた12830トンが埋め立て量であった．

なお，産業廃棄物の総量は把握が困難であるが，4億500万トン（1994年）というデータがある．一般廃棄物のおよそ10倍と見積もることができる．このうち1億5000万トンがリサイクル量となっている．

現在では人口の増加と生活レベルの向上によって人間圏中の物質貯留量は増加の一途を辿っている．まだ定常状態には到達していないので，流入量と比較して放出量は少ない．それでも廃棄物の始末に困って不法投棄，さらにゴミの海外輸出などさまざまな社会問題を引き起こしている．このまま行けば廃棄物の量は増える一方である．今や廃棄物の処理も世界的な環境問題の1つとなっている．

演 習 問 題

[1] 物質の輸送媒体としての空気，水，生物の特徴を比較せよ．

[2] 陸上の土壌はどのような輸送媒体によって海に運ばれているか．

[3] 世界の陸の面積は 148.9×10^6 km²，平均降水量は年間780 mmである．河川の年間流量を 40×10^{15} Lとすれば，降った雨のうち蒸発散によって失われる量は降水量の何%に相当するか．

[4] 河川中の水の平均滞留時間を10日とすれば，河川水の全量はいくらになるか．ただし，流れる過程での水の蒸発は無視してよい．

[5] リン鉱石の年間採掘量（1996年）はリンに換算して 16.9×10^9 kgであった．

採掘量と自然過程による河川を通じてのリンの移動量を比較せよ．ただし，岩石のリン含量を 1050 ppm とする．

［6］東京都町田市の例を参考にして，一般廃棄物の焼却で生じた残留物の体積が日本全体では 1 年間でいくらになるかを計算せよ．ただし，残留物の密度を 2 g/cm³ と仮定する．

第3章 大　　気

　大気は窒素，酸素，アルゴンが主成分である．太陽系の他の惑星と比較すると地球は特徴的な大気をもっている．地表から高度約11 kmの対流圏界面までは温度が一様に降下する．従って，対流圏内では大気はよく混合され，主要化学成分の組成は一定に保たれる．人間活動で放出された安定なガス状物質は比較的短時間で大気全体に拡散する．また大気は絶対量が少ないために人間活動で放出された物質の影響を受けやすい．このことが地球規模の環境問題を引き起こす原因となっている．

3.1 主要成分

　地表付近の大気の平均組成を成分ごとの生成・消滅過程とともに表3.1に示した．生物活動の影響を受ける微量成分は季節的に濃度が変動する．人間活動

表3.1 地表付近の大気成分の平均濃度，平均滞留時間，生成・消滅過程 [a]

成分	濃度 (ppbv)	平均滞留時間 (y)	生成	消滅
N_2	780.84×10^6	9×10^6	生物過程	生物過程
O_2	209.46×10^6	8×10^3	生物過程	生物過程
Ar	9.34×10^6	∞	放射崩壊	なし
H_2O	4.83×10^6	0.03	物理・化学過程	物理・化学過程
CO_2	360×10^3	50〜200	生物過程	生物過程
Ne	18.18×10^3	∞	なし	なし
He	5.24×10^3	3×10^7	放射崩壊	地球引力圏外脱出
CH_4	1.72×10^3	12	生物過程	物理・化学過程
Kr	1.14×10^3	∞	なし	なし
H_2	0.56×10^3	6〜8	生物過程	生物過程
N_2O	0.31×10^3	120	生物過程	生物過程
Xe	87	∞	なし	なし
CO	65	〜0.1	物理・化学過程	物理・化学過程
O_3	25	0.1〜0.3	物理・化学過程	物理・化学過程
NH_3	1	0.01	生物過程	物理・化学過程

[a] 吉田尚弘，和田英太郎：季刊化学総説，**10**，46（1990）による

の結果として，大気中の濃度が急速に上昇している成分もある．

3.1.1 窒素

窒素 N_2 は現在の大気の最大の成分であり，体積組成で 78% を占め，全量として 3.9×10^{18} kg となる．生物圏での窒素の循環は主として生物活動によっている．窒素分子 N_2 は窒素固定細菌により生物体内に取り込まれ，一方，硝酸イオンから嫌気的条件で脱窒反応により N_2 に戻される．自然界では窒素固定量と脱窒量は本来，バランスがとれているが，最近，工業的な固定（化学肥料の製造）やマメ科植物の大量栽培など人間活動の影響により窒素固定量が脱窒量を上回っている．しかし，その量は大気中の窒素量に比べれば極めて小さいので，大気中の窒素はほぼ定常状態にあると考えられる．

生物圏を通じての窒素の循環については 6.3 節で詳しく論じる．

3.1.2 酸素

酸素 O_2 は大気中の体積組成で 21% を占め，全量として 1.2×10^{18} kg となる．酸素は主として植物の光合成により水分子の酸素原子から生成される．1 年間に生成される酸素の大部分は有機物の分解や燃焼に消費される．最近，化石燃料の燃焼により大気中の酸素の消費量が増加しているが，その量は大気中の酸素量に比べ無視できるほど小さいので，大気中の酸素量はほぼ一定に保たれていると考えられる．

3.1.3 二酸化炭素

二酸化炭素 CO_2 の濃度は 1996 年現在で 360 ppmv に達している．二酸化炭素は植物の呼吸や土壌有機物の酸化分解により大気中に放出され，光合成により植物に取り込まれる．放出と取り込みの量と速度には季節変動があり，従って，大気中濃度にも季節変動が認められる．近年，人間活動の影響により大気中の二酸化炭素濃度は急速に増加している．

二酸化炭素濃度の系統的な観測は地球観測年（IGY）を契機にして，ハワイのマウナロア山と南極点で開始され，その後モニタリング地点は増加し，世界で 40 地点以上で行われている．マウナロア山での濃度変化を図 3.1（a）に示す．二酸化炭素濃度は観測を開始した 1958 年の 315 ppmv から季節変動を伴

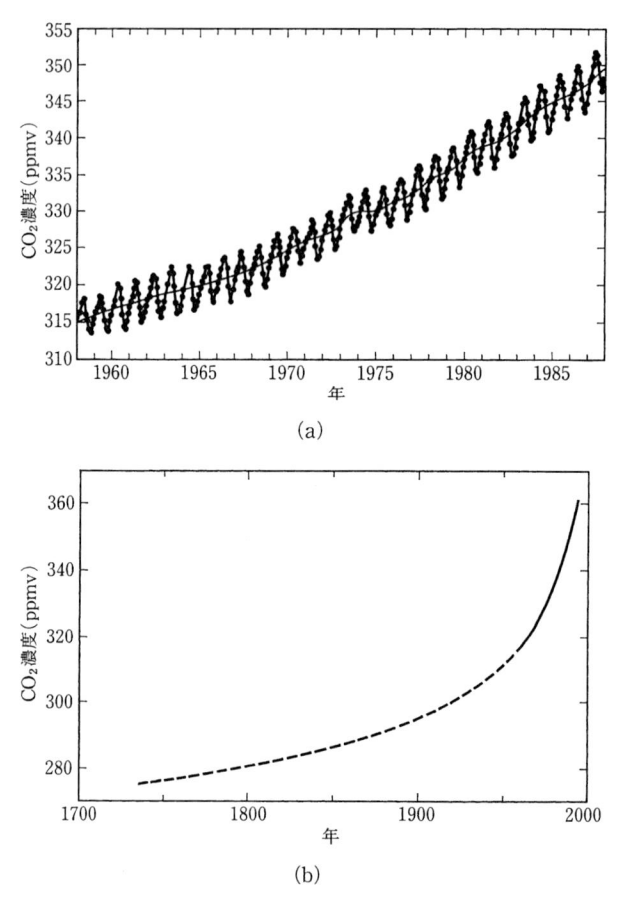

図 3.1 (a) マウナロア山における二酸化炭素濃度の変動．● は実測値，太線は実測値の最良適合曲線，細線は季節変動を除いた濃度変化曲線を示す（Intergovernmental Panel on Climate Change : Climate Change 1994, Cambridge University Press (1995) による）．(b) 南極の氷床コア中にトラップされた空気の分析から得られたデータを含めた 1700 年以降の二酸化炭素の濃度変化（実線部分がマウナロア山観測所のデータを示す）

いながら年々増加を続け，1987 年に 350 ppmv，1996 年には 360 ppmv に達した．

　南極の氷床コア中にトラップされた空気の分析から得られたデータを含めて，1700 年以降の二酸化炭素濃度の推移を図 3.1 (b) に示した．実線部分が

マウナロア山観測所の測定値である．最近は年間 1.5 ppmv（約 0.5%）の割合で二酸化炭素が増加しつつある．

このような二酸化炭素濃度の増加は化石燃料の燃焼や熱帯林などの森林伐採によると考えられているが，収支で不明な部分があり今後の研究が必要であろう．以上の問題については 6.3 節も参照せよ．

3.2 微量成分の濃度とその経年変化
3.2.1 メタン

現在，メタン CH_4 は対流圏中に 1.7 ppmv 程度存在し，近年急激に濃度が上昇し，その年増加率は 0.8〜1.0% となっている（図 3.2）．メタンは温室効果ガスの 1 つであり，その赤外線吸収効率は二酸化炭素に比べ 40 倍も大きい．産業革命以降 1992 年までを積算したメタンの地球温暖化への寄与率は二酸化炭素に次いで大きく，約 19% を占めている．

メタンの年間発生量は表 3.2 に示す通り，535×10^9 kg と推定されている．発生源としては，湿地，水田，牛など反すう動物の腸内発酵が重要である．とくに農業生態系からの放出は水田と家畜をあわせて 27% に達している．世界の水田面積の約 60% を占めるインドと中国などでの詳細な情報と正確な見積

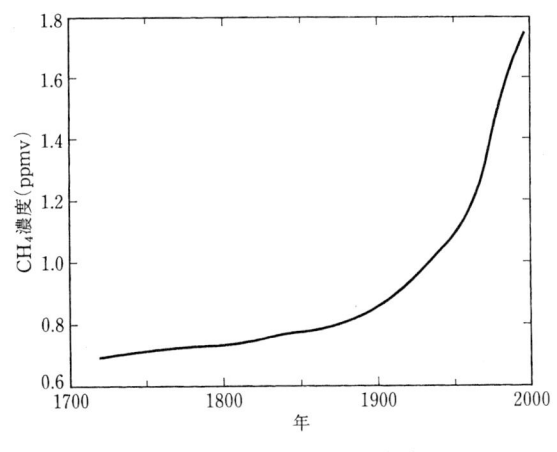

図 3.2 大気中のメタンの経年変化

表3.2 メタン発生源からの年間発生量 [a]

発生源	発生量推定値 (10^9 kg/y)	発生量の範囲 (10^9 kg/y)
自然起源		
湿地	115	55〜150
シロアリ	20	10〜50
海洋	10	5〜50
その他	15	10〜40
人為起源		
石炭採堀・天然ガス採取	100	70〜120
水田	60	20〜100
反すう動物	85	65〜100
畜産廃棄物	25	20〜70
下水処理	25	15〜80
廃棄物埋め立て	40	20〜70
バイオマス燃焼	40	20〜80

[a] J. Houghton : Global Warming — The Complete Briefing —, 2nd Ed., Cambridge University Press (1997) による

もりが必要である．

3.2.2 一酸化二窒素

現在，一酸化二窒素 N_2O（亜酸化窒素ということもあるが，正しくは一酸化二窒素である）は対流圏に 310 ppbv 程度存在しているが，1850 年ころまでは約 275 ppbv でほぼ一定であった．これが 1870 年ころから急激に増加したことが分かる（図 3.3）．その年間増加率は $0.2 \sim 0.3\%$ である．一酸化二窒素濃度は大気汚染物質である NO_x の濃度の千倍から 1 万倍程度高い．

一酸化二窒素の年間発生量は $1 \times 10^9 \sim 10 \times 10^9$ kg と見られている．それは硝化または脱窒過程の中間生成物として生成され，バイオマス燃焼や肥料からの人為発生量が約 20% を占めている．

一酸化二窒素は温室効果ガスであると同時に，オゾン層の破壊に影響を及ぼす成分である．一酸化二窒素は赤外線の吸収効率が高く，二酸化炭素の約 250 倍と見積もられている．地球温暖化への寄与率は約 6% となっている．成層圏に輸送された一酸化二窒素は紫外線により光分解され，酸素原子と反応する．それによって生成した一酸化窒素 NO は成層圏のオゾンと反応し，オゾン層

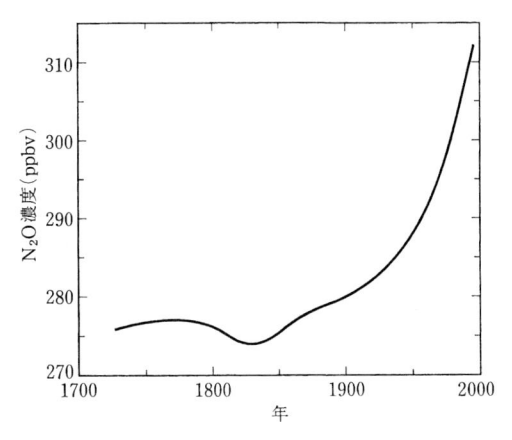

図 3.3 大気中の一酸化二窒素の経年変化

を破壊する原因の 1 つになっている．その反応機構は次の通りである．

$$N_2O + h\nu = N_2 + O$$
$$N_2O + O = 2\,NO$$
$$NO + O_3 = NO_2 + O_2$$
$$NO_2 + O = NO + O_2$$

3.2.3 オゾン

地表に到達する太陽光は紫外部から赤外部にわたる広い波長域をもった光で，その大部分は可視光線と赤外線である．紫外線は波長によって生体に対する作用が異なり，その違いから UV-A（320〜400 nm），UV-B（280〜320 nm），UV-C（190〜280 nm）に分けられる．全放射束の 6% を占める UV-A は人体にとって無害と考えられてきたが，皮膚を透過して真皮まで到達することで皮膚の老化を引き起こすことが分かってきた．UV-A であっても不必要に浴びることは避けた方がよい．UV-B は全放射束の 0.5% 程度であるが，その作用は UV-A よりも強く，野外での日焼けの主な原因とされている．UV-C が殺菌作用をもつことから分かるように，この波長の紫外線は生体にとって極めて有害である．幸いなことに UV-C は地表には届かない．

高層大気中のオゾンは生体に有害な短波長紫外線を吸収し，生物圏の生命を

保護する役割をもつ．またオゾンが吸収した紫外線エネルギーは熱に変換され，成層圏を暖める熱源となっている．成層圏では高度とともに温度が上昇するので，大気は混合されない．

　成層圏上部においては酸素分子 O_2 が紫外線により光分解し，酸素原子 O を生成する．酸素原子と酸素分子が反応しオゾンが生成する．オゾンは高度 25 km 付近に濃度の極大が認められる．

$$O_2 + h\nu = O + O$$
$$O + O_2 = O_3$$

　一方，オゾンは成層圏下部・中部で より 長波長の紫外線により光分解される．

$$O_3 + h\nu = O + O_2$$

ここで，酸素原子が生成し，上の反応により再びオゾンが生成する．オゾンを実質的に消滅させるのは次の反応である．

$$O + O_3 = 2\,O_2$$

以上 4 つの反応が大気中のオゾン濃度の分布を支配しているが，一酸化二窒素，水蒸気およびフロンによって，オゾンが連鎖反応的に消滅することが知られている．オゾン層の破壊により，地表に達する生体に有害な紫外線（UV-B）が増加し，生物にさまざまな影響を及ぼすことが考えられている．たとえば，皮膚がん，白内障の増加や免疫機能の低下など人体影響のほかに，農作物の収量の低下，植物プランクトンや魚類の減少など生態系への影響も懸念されている．

3.2.4　フロン

　1970 年代の初め，Lovelock は空気中から人工のクロロフルオロカーボン（フロン）の一種 CCl_3F（フロン 11，CFC-11）と CCl_2F_2（フロン 12，CFC-12）を検出した．フロンは安定であるため大気中に蓄積し，さらに成層圏上部に達したフロンは紫外線により分解され，塩素原子を放出する．この塩素原子が成層圏オゾンを連鎖反応的に分解することが Rowland と Molina によって報告された．

3.2 微量成分の濃度とその経年変化

フロンが成層圏オゾンを破壊するメカニズムは次の通りである．フロンは紫外線により分解され，塩素原子を放出する．この塩素原子が成層圏オゾンと反応し，オゾンを連鎖反応的に破壊する．

$$CCl_3F + h\nu = CCl_2F + Cl$$
$$Cl + O_3 = ClO + O_2$$
$$ClO + O = Cl + O_2$$

また，フロンは下層大気中に蓄積すると，赤外線を吸収する温室効果により温暖化をもたらし，フロン全体としての温暖化への寄与率は10%に達する．

フロンは洗浄溶媒，冷媒，発泡剤，断熱材，スプレー噴射剤などさまざまな用途に用いられている．フロンは安定で揮発性があるため，大気中に放出されたフロンは大気中に蓄積される．大気中に微量のフロンが含まれているのはそのためである．地上の発生源近くでは濃度変動が大きいが，発生源から遠く離れた地点では，年々一定の割合で増加する傾向が認められている．北半球中緯度地点（北海道）における1989年初めのフロン11およびフロン12の平均濃度はそれぞれ258，477 pptvであり，年間およそ4%ずつ増加していたが，1990年以降は横ばいないしは微増の状態にある（図3.4）．これはモントリオール議

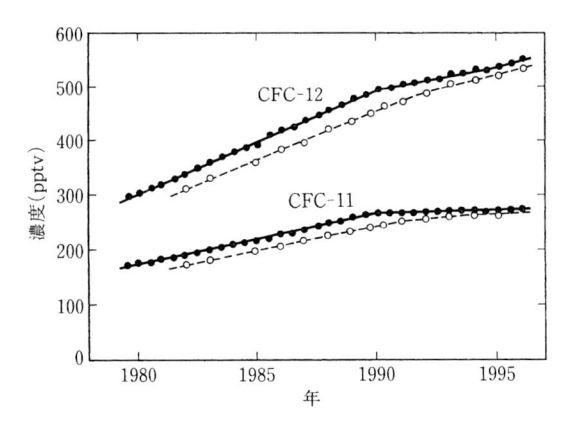

図3.4 大気中のフロン11とフロン12の経年変化．実線は北海道（北半球），点線は南極昭和基地（南半球）のデータを示す（富永健：現代化学，1997年12月号，14（1997）による）

表 3.3　大気中の気体硫黄化合物 [a]

化合物	濃度 (ppbv)	平均滞留時間 [b]
硫化カルボニル COS	0.07〜0.6	0.5〜20 y
二硫化炭素 CS_2	0.03〜0.6	0.02〜1 y
硫化ジメチル $(CH_3)_2S$	0.03〜0.06	0.8〜1 d
硫化水素 H_2S	0.01〜4	0.5〜3 d
二酸化硫黄 SO_2	0.01〜0.1	3〜7 d

[a] 松本聡編：微生物のガス代謝と地球環境，学会出版センター（1995）による
[b] y は年，d は日を示す

定書に基づいて先進国がフロンの製造を中止した効果が現れたものであろう．

3.2.5　硫黄化合物

大気中の硫黄化合物の濃度を表3.3に示す．二酸化硫黄を除けば，これらの硫黄化合物のほとんどは生物過程によって発生する．生物起源の化合物の中で量的に重要なものは硫化ジメチルである．これらの硫黄化合物は大気中を移動する間に酸化されて，かなりの部分が最終的には硫酸となる．

人間活動，すなわち，化石燃料の燃焼により大気中に放出された二酸化硫黄はSとして年間 80×10^9 kg にも及ぶ．これに対して自然過程で大気中に供給される気体状硫黄化合物はSとして 70×10^9 kg 前後である．二酸化硫黄が酸性雨の原因物質であることはよく知られているが，これは二酸化硫黄も酸化されて硫酸となるためである．

二酸化硫黄の平均滞留時間が3〜7日と短いことは，この化合物が発生源から遠くまで輸送される前に酸化され，硫酸あるいは硫酸塩に変化することを意味している．このため二酸化硫黄による急性の健康被害は発生源の近くに限られる．わが国では，発生源が集中している大都市では大気中の二酸化硫黄濃度は 50 ppbv にも達している．

硫黄化合物は大気中でエアロゾルに変化する．エアロゾルは雲核として雲の形成に関係し，間接的に日射量に影響していることになる．

3.2.6　水蒸気

水蒸気は表3.1に示したように，大気中で窒素，酸素，アルゴンに次いで4

番目に多い気体であるが，その濃度の変動幅が大きいために，大気成分は水蒸気を除いた乾燥大気について示されることが多い．

水蒸気は大気の熱の媒体であり，さまざまな気象現象を支配している．対流圏で最も効率よく赤外線を吸収し，地球環境を温暖に保つ役割を果たしている．一方，成層圏内の水蒸気は地球温暖化に関わっていると考えられている．

3.2.7 その他の微量気体

表3.1に示したように大気中には多種類の微量気体が存在している．その中で非メタン系炭化水素，アンモニア，窒素酸化物などの濃度は上昇傾向にあり，人間活動の影響を受けていると考えられる．

減少傾向にある微量気体としては一酸化炭素をあげることができる．この気体は1985年以降漸減しつつある．減少の原因としては，人間活動による放出量の減少，成層圏のオゾン層破壊に伴う対流圏OHラジカルの増加などが考えられている．

3.2.8 大気エアロゾル

大気中には，気体成分だけでなく，液体および固体の微粒子も浮遊して存在している．これらの浮遊粒子状物質は大気エアロゾルとよばれ，その粒径は$0.03 \sim 100~\mu m$である．量的に重要な粒子は海洋起源の海塩粒子と内陸の乾燥地域から発生する土壌粒子である．

大気エアロゾルはさまざまな無機・有機粒子を含んでいる．東京における大気エアロゾルは黒色純炭素（すすの主成分），有機物粒子，硫酸塩，硝酸塩，アンモニウム塩，土壌粒子，海塩粒子および水分などから構成されている．大気エアロゾル（$7~\mu m$以下）の濃度は$25 \sim 48~\mu g/m^3$で夏季に低く冬季に高い．バックグラウンド地点と考えられる北海道ニセコ山麓においては，大気エアロゾルの濃度は$5 \sim 10~\mu g/m^3$と東京の約1/5であったが，成分組成はほぼ同じであった．

大気中から地表に落下した物質を**大気降下物**（atmospheric fallout），あるいは単に**降下物**（fallout）という．エアロゾルが雨に伴われて降下することを**湿性沈着**（wet deposition），雨が降っていないときに降下することを**乾性**

沈着（dry deposition）とよんでいる．降下した物質に対しては湿性降下物，乾性降下物という語が用いられる．

3.3 大気汚染
3.3.1 大気中の汚染物質濃度

自然過程，人為過程を通じて大気中に放出された有害物質の大気中の濃度がある限界値を超えた状態のことを大気汚染という．以前は急性毒性をもつ物質だけが有害物質と考えられていたが，環境についての理解が深まるにつれて，慢性毒性を示す物質はもちろん，二酸化炭素やフロンのようにそれ自体は無害であっても，それが大気中に蓄積することによって環境を悪化させる物質も有害物質，すなわち，汚染物質と見なされるようになった．汚染物質は発生源から直接に大気中に放出される一次汚染物質と大気中の化学反応によって生成する二次汚染物質に分けられる．

大気中の汚染物質の濃度を決定する要因として最初にあげられるのはその物質の単位時間あたりの放出量である．放出量が多いほど濃度は上昇する．しかし放出された量がそのままの状態で大気中に留まっているわけではない．化学的に不安定な物質は他の物質と反応したり，自発的に分解することでその量は時間の経過とともに減少する．その物質が大気中に留まっている時間を計る尺度が平均滞留時間である．反応性に富む物質ほど平均滞留時間が短い．

さらに，大気の流れが汚染物質を運び去ることも濃度低下の要因である．風の強いときは汚染物質が吹き払われるので，濃度の上昇は起こらないことはよく知られている．従って，放出量，平均滞留時間とともに地形，気象条件が汚染物質の濃度を支配する要因となる．とくに上層大気の方が下層大気よりも温度が高くなる逆転層は，汚染物質の拡散を妨げるので大気汚染発生の大きな誘因であることが指摘されている．

平均滞留時間が非常に長い汚染物質（二酸化炭素，フロンなど）は地球大気全体に拡散し，地球温暖化，オゾン層の破壊といった全地球的な環境問題を引き起こす．これに対して窒素酸化物のように平均滞留時間の短い汚染物質が原

因である大気汚染は局地的となる．都市大気の汚染は後者の例である．

3.3.2 都市の大気汚染

都市大気の主要な汚染源は自動車である．自動車排ガスには二酸化硫黄，窒素酸化物，一酸化炭素，炭化水素，さらに炭素を主体とする粒子状物質が含まれている．粒子状物質のうち，粒径が $10~\mu m$ 以下のものを浮遊粒子状物質というが，その中でも粒径が $2.5~\mu m$ 以下の粒子（PM 2.5）は人間が呼吸をするときに呼吸器中に引き込まれ，肺・気管に沈着するので喘息，気管支炎を誘発する可能性がある．海外では自動車のほかに冬季の暖房が原因となっている大気汚染も発生している．

主要な汚染物質については**環境基準**（environmental standard）が設定されている．環境基準というのは人の健康を保護し，生活環境を保全する上で維持されることが望ましい基準のことである．二酸化窒素については"1 時間値の 1 日平均値が $0.04 \sim 0.06$ ppm か，またはそれ以下"と規定されているが，自動車保有台数と走行距離の増加によって，都心部での二酸化窒素の平均濃度は 0.03 ppm を超えているし，全国の年平均値も横ばいの状態で改善が見られていない．

浮遊粒子状物質については，"1 時間値の 1 日平均値が $0.10~mg/m^3$ であり，かつ 1 時間値が $0.20~mg/m^3$ 以下"とされている．その全国平均濃度も二酸化窒素の場合のように横ばい状態にある．発生源としてはディーゼル車が重要である．自動車の中でディーゼル車の占める割合が大きいほど，浮遊粒子状物質の濃度が高くなる．ディーゼル車が排出する粒子をディーゼル排気微粒子というが，その主体は すす（炭素）である．

自動車から排出される粒子状物質には微量の多環式芳香族炭化水素 (polynuclear aromatic hydrocarbon, PAH) が含まれている．PAH は発がん性のある化合物である．そのためディーゼル排気微粒子も発がん性物質である可能性が高い．

初期の大気汚染で問題になった化合物は二酸化硫黄であったが，わが国ではその年平均値は環境基準を下回っている．これは低硫黄原油の輸入，重油の脱

硫などの対策が効果を上げたためである．火山から放出される自然起源の二酸化硫黄が引き起こす大気汚染もある．

大気中に放出された物質が反応することで，新たな汚染物質，すなわち，二次汚染物質を生成する例がある．その中でも**光化学オキシダント**（photochemical oxidant）は局地的に大きな被害を与えることが知られている．光化学オキシダントが生成する現象を**光化学スモッグ**（photochemical smog）という．光化学スモッグも大気汚染の一種である．

光化学オキシダントとは窒素酸化物と炭化水素が太陽の強い光によって光化学反応を起こし生成する強酸化性物質の総称であるが，その主成分はオゾンである．その濃度が高くなると，それに暴露された人は眼・喉の痛み，呼吸困難などの症状を訴える．環境基準は"1時間値が 0.06 ppm 以下"とされている．光化学オキシダントが生成する条件として 25°C 以上の気温，4時間以上の日照に加えて風の弱いことがあげられている．従って，光化学スモッグの発生は夏に限られる．

わが国で光化学スモッグによる被害が発生したのは 1970 年 7 月のことであった．この年は東京，千葉，神奈川，埼玉の一都三県で 7 月 20 日までに 11000 人が被害を受けた．このような状況は 1975 年まで続き，その後は改善されたものの光化学スモッグの発生が完全に阻止されるところまでは至っていない．

3.3.3 大気汚染の影響

大気汚染の影響は人間に対するもの，すなわち，健康影響と建造物などに与える被害に分けて考えることができる．汚染物質による健康影響はその物質の濃度と人間がその物質に暴露された時間によって決まる．たとえ汚染物質が低濃度であっても，長期間にわたってその物質に暴露されていると健康が損なわれる可能性が高くなる．交通量の多い道路沿いに住む人たちに呼吸器系の病気が多いのは，明らかに自動車の排ガスが原因である．

酸性物質が建造物などに悪影響を与えることはよく知られた事実である．酸性物質は石灰岩でつくられている石像，建築物に損傷を与えており，これによ

って多くの歴史的な建造物が被害を受けている．金属でつくられた銅像も例外ではなく，表面の腐食が顕著である．一般の建物でもコンクリートの中性化が進行し，寿命が短くなることが懸念されている．自動車の排ガスに含まれるすすの粒子が建物に付着することで，その美観が損なわれることも大気汚染がもたらす被害といえよう．

近年，多種類の有害物質が微量ながら大気中から検出されるようになった．このような有害物質のうちで早急に排出，飛散を抑制しなければならない化合物としてダイオキシン類，ベンゼン，トリクロロエチレン，テトラクロロエチレンなどがあげられている．これらの物質に長期間にわたって暴露されることがどのような問題を引き起こすかは，十分には解明されていないのが実状である．

ダイオキシン類はゴミ焼却のほか，金属製錬，森林火災によっても発生することが報告されている．また農薬，とくに除草剤中に不純物として含まれていることもある．ダイオキシン類の毒性は化合物ごとに異なるので最も毒性の強い 2,3,7,8-テトラクロロジベンゾ-p-ジオキシン（2,3,7,8-TCDD）を基準にとり，他の化合物はそれぞれの濃度に**毒性等価係数**（toxic equivalency factor）を掛け，2,3,7,8-TCDD の量に換算した値で示すことになっている．この値を毒性等量，または**毒性等価量**（toxic equivalency）といい，TEQ で表す．この表記法を用いると，1998 年におけるわが国のコプラナ PCB を除いたダイオキシン類の発生量は約 2900 g-TEQ となる．発生源別に見ると一般廃棄物（都市ゴミ）と産業廃棄物の焼却施設からのものが全体の 80% を占めている．

ダイオキシン類は脂溶性の物質で，これが体内に取り込まれると簡単には排出されず，体内に蓄積される．ダイオキシン類の慢性毒性で代表的なものは発がん性である．日常的にダイオキシン類に接触する人たちのがん発生率は一般人と比較して明らかに高くなっている．毒性は発がん性ばかりではない．催奇形性（奇形発生に影響を与える性質），生殖毒性，発育抑制などの作用も認められている．ダイオキシン類には環境ホルモン（外因性内分泌撹乱化学物質）

としての働きもある.たとえ,非常に低い濃度であっても顕著な生殖毒性を示す.近年,子宮内膜症の患者が増加しているが,これも環境ホルモンの影響とされている.

発生源の近くに住む人はダイオキシン類が付着した浮遊粒子を吸入することになる.環境庁は1999年に大気環境基準として年間平均値 $0.6\,pg\text{-}TEQ/m^3$ 以下を設定した.ほとんどの地域はダイオキシン類の濃度が基準値以下である.表3.4に示すように,呼吸によって人体に取り込まれるダイオキシン類の量はわずかなものである.しかし,ダイオキシン類が取り込まれる経路は呼吸だけではない.汚染された食品を摂取することによってもダイオキシン類は体内に蓄積する.平均的日本人であれば,経口的に取り込まれる割合は95%にも達している.

このようにダイオキシン類は人間の健康に大きな影響を及ぼす.わが国では健康への影響を未然に防止する目的で,環境庁,厚生省が専門家会議を召集し,ダイオキシン類の**耐容1日摂取量**(tolerable daily intake)として $4\,pg\text{-}TEQ/kg/$日を設定した.この値は体重1kgあたりで表されている.わが国の

表3.4 わが国におけるダイオキシン類の1人1日摂取量を体重1kgあたりに換算した値(1998年)[a]

供給源		摂取量 (pg-TEQ/kg/日)
大気		0.07
土壌		0.0084
食品	魚介類	1.41
	肉・卵	0.31
	乳・乳製品	0.17
	有色野菜	0.03
	米	0.001
	その他	0.08
計		2.1

[a] 環境庁企画調整局調査企画室編:平成12年版 環境白書 総説,ぎょうせい(2000)による

平均的な食事からのダイオキシン類の摂取量は 2.0 pg-TEQ/kg/日であって，耐容 1 日摂取量を下回っている．

演 習 問 題

[1] 大気中の二酸化炭素濃度が 360 ppmv であるとき，大気中の二酸化炭素の全量 (kg) を求めよ．

[2] 二酸化炭素の発生源としてどのようなものが考えられるか．そのうちで発生量の多いものはどれか．

[3] 大気中のメタンは毎年 1% ずつ増加しているが，その増加に寄与している発生源はなにか．またそれを裏付けるためにはどのようなデータが必要か．

[4] フロンとはどのような性質をもった化合物か．また環境にどのような影響を与えているか．

[5] 都市大気中の浮遊粒子状物質に特徴的な成分はなにか．その発生源についても述べよ．

[6] 環境中のダイオキシン類の量を各化合物の濃度の合計ではなく，毒性等価量に換算して表すことの利点を考えよ．

[7] 以前は薪を燃料として生活していたのにダイオキシンの発生が問題にならなかったのはなぜか．

第4章 水

　現代の人類は水に関連した多くの問題に直面している．人口の増加と生活レベルの向上によって，人類が必要とする水の量は増加の一途を辿っている．これが世界的な水不足を引き起こしつつある．近年の異常気象は水の安定供給を妨げ，環境汚染の拡大は利用可能であった水を利用できない水に変えてしまった．環境化学的な視点から水問題を考えようとするならば，水の化学的特性，水利用のあり方，水質汚染の現状について十分な理解が必要である．

4.1 水の特異性

　生物が生育する地球の表層部分（生物圏）で最も豊富な物質は水 H_2O である．水はさまざまな形で存在している．水は分子量 18 の非常に単純な化合物であるが，他の液体に見られない特異的な性質を沢山もっている．そのため，生物圏が温和な気候に保たれ，生物の生存が可能になっている．本節では水の特異的な性質と生物圏における水の分布とさまざまな天然水の化学組成について述べる．

　水は特異的な性質をもつ液体である．水が地球の気候緩和，人間の体温調節などに重要な役割を果たすことができるのは，その特性に負うところが大きい．水は分子間に水素結合をもち，クラスターを形成していることが特異性の原因である（図 4.1）．

(1) 沸点・融点

　1 気圧下での沸点は 100°C，融点は 0°C であり，液体として存在できる温度範囲が広い．

(2) 蒸発熱

　液体の中で最大である．海面から蒸発した水蒸気が大気中で水に変わるとき

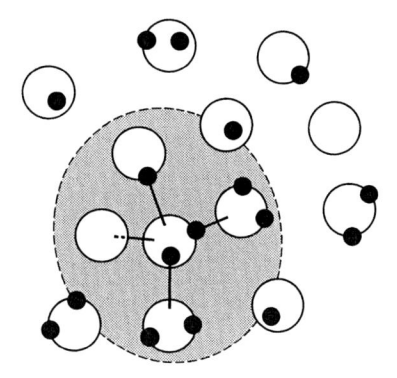

図 4.1 液体の水の構造．黒丸は水素原子（手前に向いているものだけを示す），白丸は酸素原子，水素原子と酸素原子を結ぶ実線は水素結合を表す．破線内が水素結合によって生成したクラスターである

大量の熱を放出し，その熱が大気の運動エネルギー源となる．生物の場合は体内に蓄積された熱が汗の蒸発によって放出され，体温が一定に保たれる．

(3) 比熱容量

液体の中で最大であり，これが生物圏の気候緩和に役立つ．

(4) 密度

4°C で最大となる．水が凍ると密度が減少するので，氷は水に浮く．岩石の割れ目にある水が凍ると体積が膨張し，これによって岩石は砕け，風化が促進される．ただし，これだけが岩石を破砕する原因ではなく，鉱物の熱膨張率の違いの方が影響としては大きい．

(5) 表面張力

水銀など液体金属を除けば，液体の中で最大である．土壌中に水を貯え，高い木の梢まで水を運搬するのも表面張力の働きである．

(6) 誘電率

液体の中で最大であり，電解質をよく溶かす．天然水には多くの物質が溶解し，物質循環に大きな役割を果たしている．生体内では水が栄養素を溶解して運搬し，その吸収を助けている．老廃物を体外に排出するのも水の役目である．

4.2 地球上の水の分布と平均滞留時間

地球上の水は液体，固体，気体の形で存在する．これらの量は多くの研究者により推定され，1965年から1974年まで継続されたIHD計画（国際水文学10年計画），その後のIHP（国際水文計画）などにより，およその値が決められた．表4.1に地球上の水の量と平均滞留時間を示す．

地球上には総量 1.38×10^9 km³ (1.41×10^{21} kg) の水が存在している．そのうち97.5%は海水として存在する．淡水の70%は両極の氷であって，地下水，湖沼水，河川水として存在する量はごくわずかなものである．このわずかな量の淡水を人間は水資源として利用している．

循環の速さを示す指標として平均滞留時間が用いられている（2.3節参照）．これはあるレザーバ（たとえば，大気，海洋など）中の水が全部入れ替わるのに要する時間のことであり，次のように表される．

$$t_m = \frac{M}{D} \tag{4.1}$$

ここで t_m は平均滞留時間，M はレザーバ中にある水の全量（貯留量），D は単位時間あたりの流入量（供給量）または流出量（除去量）を示す．

表4.1に示すように，海洋の平均滞留時間は3200年，氷雪のそれは9700年と長い．地下水の平均滞留時間は地域により非常に異なり，1年以内から

表4.1 地球上の水の量と平均滞留時間[a]

種類	貯留量 (10^3 km³)	流入量 (10^3 km³/y)	平均滞留時間[b]
海 水	1350000	418	3200 y
氷 雪	24230	2.5	9700 y
地下水	10100	12	840 y
土壌水	25	76	0.3 y
湖沼水	219		
河川水	1.2	35	13 d
水蒸気	13	483	10 d
計	1384000		

[a] 榧根勇：水文学，大明堂（1980）による
[b] yは年，dは日を示す

4.3 水収支

日本の水収支の概要を図4.2に示す．水収支の基本的な考え方は次のようである．

$$降水量 P = 流出量 D + 蒸発散量 E \tag{4.2}$$

(1) 降水量 P

わが国の降水量は地域により異なり，最も少ない地域は北海道東部で年間平均820 mm，最も多い地域は南九州地方で年間約2900 mmである．しかもその年間分布は一様ではなく，雨の多い時期（6月の梅雨，夏から秋の台風，冬の豪雪）に集中している．全国平均の年降水量は1600〜1800 mmである．平均降水量を年間1800 mmとし，日本の面積（37.8万 km²）を乗じて降水総量を求めると6800億 m³（680 km³）となる．

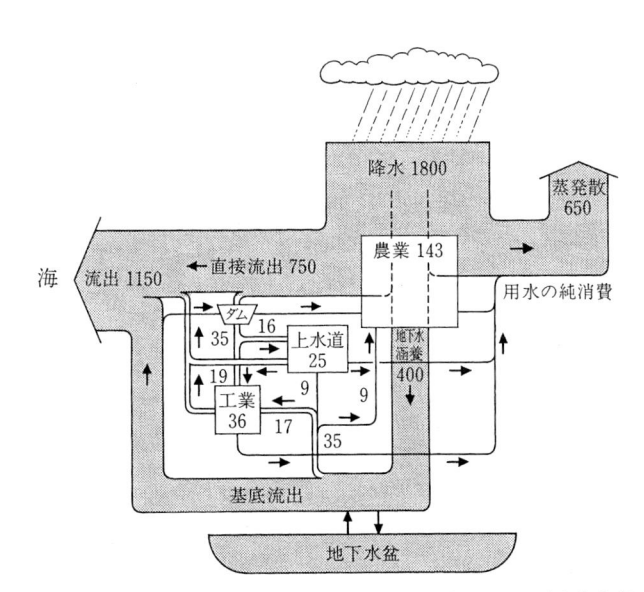

図4.2 日本の水収支．図中の数字の単位は mm/y である（山本荘毅，高橋裕：図説水文学，共立出版 (1987) による）

表 4.2 世界各地の水収支 [a]

地域/国名	降水量 P (mm/y)	蒸発散量 E (mm/y)	E/P (%)	流出量 D (mm/y)	D/P (%)
世界陸地平均	780	475	61	305	39
温帯地域					
日本	1800	650	36	1150	64
旧西ドイツ	825	470	57	355	43
アメリカ合衆国	760	532	70	228	30
熱帯地域					
スリランカ（湿潤地域）	2400	1500	63	900	37
スリランカ（乾燥地域）	1500	1300	87	200	13
寒冷地域					
フィンランド	571	302	53	269	47

[a] 榧根勇：水と気象, 朝倉書店 (1989) による

(2) 蒸発散量 E

蒸発散量も地域により異なり, 年間 500 〜 900 mm であり, 全国平均は 600 〜 700 mm である. 平均蒸発散量を 650 mm とするとその総量は 2460 億 m³ となる.

(3) 流出量 D

式 (4.2) より降水量と蒸発散量の差が流出量（河川流量と地下水量の合計）となり, 年間 1150 mm, 総量で 4350 億 m³ となる. このうち 750 mm は地表に降った雨が直接河川に流入し, 残りの 400 mm はいったん地下水となった後, 徐々に流出する.

(4) 日本の水収支の特徴

日本と世界各地の水収支の比較を表 4.2 に示す. 日本の水収支の特徴は, 降水量が大きく, 蒸発散量が小さいことである. 日本の河川は規模が小さく, 急流であるため, 上流山地に降った雨は急激に流出し, 流域面積の大きい大河川でも豪雨による水は約 2 日で河口に達してしまう.

4.4 水資源と水利用

上述したように地球上にはおよそ 14 億 km³ の水が存在するが, その

97.5%は海水であり，淡水は2.5%である．淡水の約70%は南極・北極などの氷であり，地下水，河川水，湖沼水として存在するものは地球上の約0.8%に過ぎない．人間はこのように限られた淡水を水資源として利用し，生活している．

利用可能な淡水の源は降水であり，世界と日本の降水量の比較およびわが国の地域別降水量について述べる．

4.4.1 日本と世界各国の降水量

わが国の年平均降水量は約1800 mmである．しかし，最近では約1750 mmと減少傾向にある．わが国の降水量は世界各国の値と比較すると，世界平均の約2倍となる．しかし，降水量に国土面積を乗じ全人口で除した人口1人あたりの年平均降水量は約5500〜6000 m^{3}となり，これは世界平均の約1/6であって，諸外国に比べ決して豊富なものではない（図4.3）．

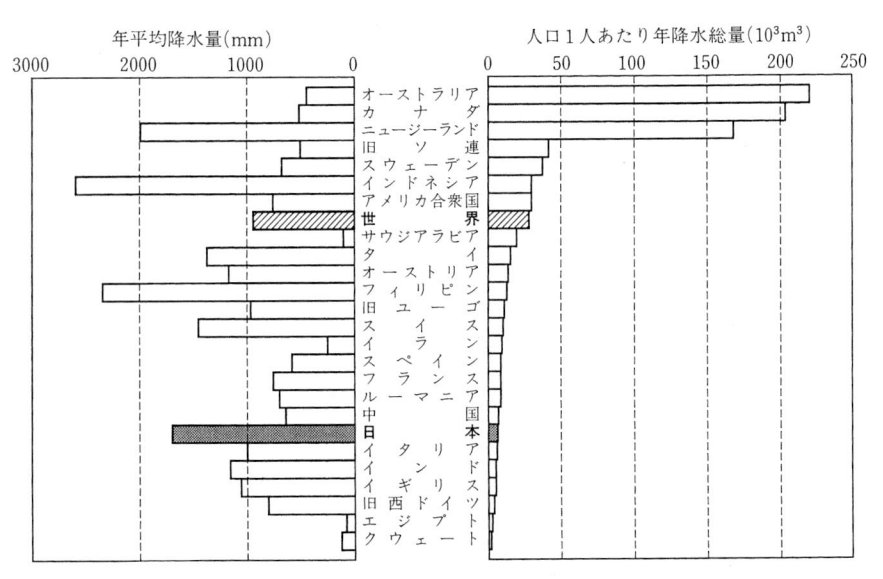

図4.3 世界各国の降水量（国土庁長官官房水資源部編，平成8年版　日本の水資源，大蔵省印刷局（1996）による）

4.4.2 日本の地域別水資源賦存量

降水量から蒸発散量を差し引いた流出量は水資源賦存量といわれ、その量は4350億 m^3 であり、これが各種の水利用の対象となる。しかし、わが国の総面積の約25%は流域が100 km^2 以下の小河川の流域面積で占められている。これらの河川水は直接、海に流出してしまい、ほとんど水利用の対象とならない。従って、利用可能な水の量は3260億 m^3 となる。

人口1人あたりの水資源賦存量は平水年で約3400 m^3、渇水年で約2300 m^3 であるが、それは地域によりかなり異なる。とくに関東地方は900 m^3 であって、全国平均の約1/4に過ぎず、極めて水資源に乏しい地域である。都市への人口集中によって都市域における水不足は一層深刻なものとなるであろう。

4.4.3 水利用

水資源は主として生活用水、工業用水、農業用水として用いられるほか、雑用水、環境用水として利用されている。生活用水と工業用水の合計は都市用水とよばれる。利用可能な水資源賦存量、3260億 m^3 のうち890億 m^3 の水が実際に利用されている。

(1) 生活用水

生活用水の1人1日あたりの平均使用量は1965年には170 Lであったが、1987年度には約310 Lに増加した。これは都市化に伴い水道が普及し、事務所・ホテル・デパート・飲食店などの増加により、水使用量が増大したためと考えられる。生活用水の中で現在、実際に家庭で使用される水の量は200 L前後である（表4.3）。しかし、1921年には東京での1人1日あたりの平均使用量は129 Lであったことを考えると、この量も水洗トイレ、電気洗濯機、風呂・シャワーの普及など生活様式の変化に伴い増大してきたことが分かる。

(2) 工業用水

工業用水はボイラー用水、原料用水、製品処理用水・洗浄用水、冷却用水などに使用されている。工業用水としての淡水使用量は、新たに河川水などから取水される水と繰り返し使用される回収水の合計である。使用量は1980年ころまで徐々に増加したが、最近では横ばい状態が続いている。とくに使用量の

表 4.3 わが国の家庭用水使用量 [a]

用途	水使用量（L/人/日）		割合（%）	
	平均	範囲	平均	範囲
入浴	64	21〜144	32	14〜51
洗濯	44	22〜79	22	10〜37
トイレット	36	23〜56	18	11〜33
炊事，その他	56	16〜113	28	11〜41
計	200		100	

[a] 国土庁長官官房水資源部編：平成 2 年版　日本の水資源，大蔵省印刷局（1990）による

多い業種は化学工業，鉄鋼業，パルプ・紙・紙加工品製造業である．同様な経年変化の傾向は回収水量についても認められている．

(3) 農業用水

農業用水は水田および畑地灌漑用水，畜産用水などであり，これらの中で水田灌漑用水が最も多い．

(4) 雑用水

雑用水は生活用水の中で水洗トイレ用水，冷却用水，散水用水など低水質でもよい用途に利用される水であり，下水処理水や雨水などが利用されている．とくに雨水は水資源の節約と都市の洪水防止のため今後，大いに利用することが望まれる．

(5) 環境用水

水辺環境を創造し，保全・改善する目的で人工的に水を流す試みが行われるようになった．このような水は環境用水とよばれる．このような例に野火止用水（1984 年），玉川上水（1986 年）の清流復活があり，流れの途絶えていた用水に下水処理場の処理水が流されるようになった．しかし，処理水の臭いや窒素成分濃度が大きいなど水質面でまだ問題が残されており，さらに高次処理を行った水の導入が必要である．

4.5 海水の化学組成

海水（sea water）は淡水と異なり，高濃度の塩を含んでいることが特徴で

表 4.4 海水の化学組成

成分	濃度 (g/kg)	平均滞留時間 (y)
Cl	18.98	1×10^8
Br	0.065	1×10^8
SO_4	2.649	
HCO_3	0.140	
F	0.0013	
B	0.0046	
Na	10.556	6.8×10^7
K	0.380	7×10^6
Mg	1.272	1.2×10^7
Ca	0.400	1×10^6
Sr	0.0080	4×10^6

ある．海水は地球における水の大部分を占めており，海水中にはすべての元素が存在すると考えてよい．海水中に存在する主な元素の濃度を表4.4に示す．陰イオンでは塩化物イオン，陽イオンではナトリウムイオンが最も多い成分である．主成分の海水中の平均滞留時間は $10^6 \sim 10^8$ 年の間にある．ただし，平均滞留時間の長さを支配するのは化学的因子ばかりではない．元素によっては生物学的寄与，すなわち，生物が吸収することによる元素の除去を無視することはできない．

外洋ではこれら元素の濃度は比較的一定であるが，沿岸域では河川水の影響や人間活動の影響により，また乾燥地帯では水の蒸発により濃度が変動する．ただし，主成分に関する限りでは，表層水でも深層水でも海水の相対組成は一定に保たれている．デンマーク国立海洋研究所は海水分析の基準となる標準海水を調製した．

海水試料の電気伝導率を正確に測定すれば，標準海水の組成と比較することで試料の主成分組成が計算で求められる．しかしこの方法は微量元素には適用できない．微量元素濃度は海域と深さによって大きく変化するからである．

微量元素の中には**生元素**（bioelement）とよばれる生物の生活機能を維持するために不可欠の元素がある．このような元素の例に窒素（海水中では硝酸イオンとして存在），リン（リン酸水素イオンとして存在）がある．窒素，リ

ンなどは陸から河川を通じて供給される．陸上の植物は生元素の供給源として重要である．沿岸域はプランクトンの繁殖の場である．その繁殖は生元素の供給量によって制御されている．生元素の中でもリンが過剰に供給されるとプランクトンが異常に増殖し，赤潮とよばれる現象を引き起こす．

　表層水には少ないこの種の元素も深層水中では表層水中の数倍の濃度に達している．これは魚に捕食されたプランクトンが糞として排泄され，これが沈降する過程で徐々に分解し，含まれていた元素が海水中に溶け出すためである．この例は生物が物質移動に大きな役割を果たしていること，また深層水がプランクトンの栄養源となる元素を多く含んでいることを意味している．深層水が海洋表面に湧き上がってくる海域はプランクトンが繁殖し，それを求めて魚が集まってくるためによい漁場となっている．

　河川水と比較してみると，海水はpHが1単位ほど高く弱アルカリ性（pH 8.1）を示すこと，高濃度の電解質を含むことが特徴である．河川水中の重金属は，海水との混合で状態が変化し，かなりの部分が比較的短時間で沈殿する．また河川水中のコロイドは電解質と接触して凝集する．凝集したコロイドは**河口域**（estuary）か，あるいは陸から遠くないところで沈殿する．このときこれらの粒子状物質に吸着されていた成分も一緒に沈殿する．この過程は河川水中の汚染成分を除去するので，海水の汚濁防止に役立ってはいるが，同時に河口域の堆積物中に汚染物質を蓄積する結果にもなっている．

　沿岸域は生物活動の盛んな海域である．河川水に含まれていた有機性の汚染物質の一部は微生物によって分解される．微生物は海水中のある種の元素を揮発性の化合物に変える働きもある．海洋から硫化ジメチルが発生するのも生物活動の一例である（3.2節参照）．

4.6 陸水の化学組成

4.6.1 河川水

　4.4節で述べたように，わが国では降水量が多く，河川の規模（流域面積，長さ）が小さく，急流であるため，水の循環速度は極めて大きい．降水量に対

表4.5 わが国の河川水の地域別平均化学組成.表中の濃度を表す数字の単位は mg/L である [a]

地域	対象河川数	溶存SiO_2	Ca^{2+}	Mg^{2+}	Na^+	K^+	Cl^-	SO_4^{2-}	HCO_3^-	計
北海道	22	23.6	8.3	2.3	9.2	1.45	9.0	10.7	33.9	74.9
東北	35	21.5	7.7	1.9	7.3	1.06	7.9	17.6	19.9	63.4
関東	11	23.1	12.7	2.9	7.3	1.43	6.1	15.9	42.4	88.7
中部	42	13.7	8.9	1.7	4.8	1.05	3.9	7.7	30.1	58.2
近畿	28	12.1	7.6	1.3	5.5	1.04	5.3	7.4	27.4	55.5
中国	25	14.1	6.7	1.1	6.5	0.94	6.6	4.4	27.2	53.4
四国	19	9.8	10.6	1.5	3.8	0.66	2.4	5.7	37.2	61.9
九州	43	32.2	10.0	2.7	8.6	1.84	4.6	13.1	40.9	81.7
全国	225	19.0	8.8	1.9	6.7	1.19	5.8	10.6	31.0	66.0

[a] 小林純:農学研究, **48**, 63 (1960) による

表4.6 世界の河川水の平均化学組成.表中の濃度を表す数字の単位は mg/L である [a]

地域	溶存SiO_2	Ca^{2+}	Mg^{2+}	Na^+	K^+	Cl^-	SO_4^{2-}	HCO_3^-	計
アフリカ	12.0	5.25	2.15	3.8	1.4	3.35	3.15	26.7	45.8
北米	7.2	20.1	4.9	6.45	1.5	7.0	14.9	71.4	126.3
南米	10.3	6.3	1.4	3.3	1.0	4.1	3.5	24.4	44.0
アジア	11.0	16.6	4.3	6.6	1.55	7.6	9.7	66.2	112.5
ヨーロッパ	6.8	24.2	5.2	3.15	1.05	4.65	15.1	80.1	133.5
オセアニア	16.3	15.0	3.8	7.0	1.05	5.9	6.5	65.1	104.3
世界平均	10.4	13.4	3.35	5.15	1.3	5.75	8.25	52.0	89.2

[a] M. Meybeck: *Rev. Geol. Dyn. Geogr. Phys.*, **21**, 215 (1979) による

する蒸発散量は小さく,河川水中成分の蒸発による濃縮が小さいため,大陸の河川に比べ一般に成分濃度は小さい.わが国の河川の平均水質を表4.5に,また比較のため世界河川の平均水質を表4.6に示す.わが国の値は1942〜1959年の測定結果であり,水質汚染の少ない時代のデータである.世界の河川に比較し,わが国の河川水質の特徴はカルシウムイオン濃度,マグネシウムイオン濃度が小さく,溶存ケイ酸SiO_2濃度が大きいことである.カルシウムイオンは秩父山地から流下する荒川などで多く,溶存ケイ酸は九州地方の阿蘇山,霧島火山など新生の火山系地質を貫流する河川で多い.このような特徴は流域に分布する岩石の種類に依存する.

1942〜1943年に測定された多摩川中流の水質(登戸)と1997年度の水質(調布堰)を比較すると,塩化物イオンは5.5倍,硝酸イオンは5.0倍,アンモニウムイオンは9.0倍にそれぞれ増加しており,人口増加の影響により水質汚染が著しく進行したことが分かる.

4.6.2 湖沼水

わが国の主な湖沼の水質を表4.7に示す.これらは1930年ころの値であり,人間活動の影響をあまり受けていない時代の水質である.なお,表中の過マンガン酸カリウム $KMnO_4$ 消費量は水中の還元性物質(主として有機物)を酸化分解するときに消費された過マンガン酸カリウムの濃度を mg/L で表したものであるが,現在では**化学的酸素要求量**(chemical oxygen demand, COD)として表現するのが普通である.過マンガン酸カリウム消費量を4で割ったものが COD となる.

諏訪湖では1930年ころから継続して水質の調査が行われている.1960〜1970年代には,農業排水,生活排水の流入により水質が悪化し,1977年には塩化物イオン 15.7 mg/L,全窒素 1.53 mg/L,全リン 0.15 mg/L となった.その結果,夏季にはアオコの大量発生が見られるようになった.しかし,1972年より周辺の流域下水道が着工され,1979年より一部の供用が開始された.その結果,窒素,リンなどの濃度が 20〜30% 減少し,水質が徐々に回復して

表4.7 わが国の主な湖沼水の化学組成.表中の濃度を表す数字の単位は mg/L である [a]

湖沼	採水年月	pH	全固形物	溶存 SiO_2	SO_4^{2-}	Cl^-	Ca^{2+}	Na^+	$KMnO_4$ 消費量	全N	P_2O_5
阿寒湖	1931 VII	>7.6	219.4	27.0	(60)	20.5	12.5	26.5	7.0	0.13	0.01
猪苗代湖	1930 VII	5.3	90.1	18.2	(10)	8.0	8.2	—	2.0	0.055	—
湯ノ湖	1931 X	7.0	107.9	26.6	19.0	4.0	11.7	11.3	2.2	0.11	0.02
霞ケ浦	1931 VIII	8.4	115.3	8.2	0.0	16.5	8.9	3.2	23.0	0.26	0.01
印旛沼	1931 VIII	8.5	76.0	16.4	7.5	9.5	11.8	9.6	18.0	0.30	0.06
山中湖	1931 VIII	8.1	37.7	10.2	0.0	0.0	7.9	6.0	11.5	0.15	0.04
河口湖	1931 VIII	8.1	73.8	6.6	3.0	3.5	8.6	6.0	14.0	0.23	0.02
木崎湖	1930 X	6.7	56.0	13.6	(2.0)	0.0	6.4	6.5	4.0	0.16	—
諏訪湖	1931 VIII	8.4	92.8	14.4	14.5	6.0	10.7	9.1	10.0	0.27	0.01
琵琶湖	1930 VIII	7.2	34.2	2.4	—	7.0	8.6	—	6.5	0.155	—

[a] 半谷高久:水質調査法,丸善(1960)による(吉村信吉によるデータを半谷高久がまとめたもの)

表 4.8 地質と地下水の水質との関係. 表中の濃度を表す数字の単位は mg/L である[a]

地質	地域	全固形物	Ca^{2+}	Mg^{2+}	Na^+	K^+	Cl^-	SO_4^{2-}	HCO_3^-	SiO_2
扇状地堆積物	富山県黒部		16.0	1.9	5.5	1.7	7.6	7.9	51.3	8.9
石灰岩	岩手県安家		26.4	1.2	2.7	0.4	2.7	1.8	82.7	9.8
流紋岩	兵庫県六甲	93	7.7	1.1	8.5	1.5	6.8	6.7	29	21
花こう岩	アメリカ合衆国	122	14	4.7	22		5.9	52	46	
花こう岩	フランス	83	7	2	18		17	4	24	
花こう岩		470	62	28	15		66	14	224	
ドロマイト	チュニジア	890	103	82	83		141	303	336	
ドロマイト	チュニジア	440	68	46	29		90	58	147	
ドロマイト	チュニジア	662	87	56	68		142	207	192	
チャート	フランス	3255	512	22	47		73	1485	81	
チャート	チュニジア	2236	235	138	394		936	282	504	
チャート	チュニジア	1667	145	106	304		583	353	342	
砂岩	フランス	143	35	11	14		14	6.4	50	
砂岩	フランス	189	41	3.4	5		23	26	63	
砂岩	チュニジア	140	10	8	25		36	45	18	
蒸発岩	チュニジア	5609	536	601	315		650	3368	204	
蒸発岩	チュニジア	2881	113	126	72		98	1887	150	
蒸発岩	フランス	245300	1071	1974	88897		137788	11981	324	

[a] 堀内清司:季刊化学総説, **14**, 79 (1992) による

いる．流域における下水道の普及率はおよそ87%（1998年度末，人口比）であり，整備が進めば水質はさらに良好になると期待される．

4.6.3 地下水

地下水と河川水の水質は一般的に類似しているが，比較的浅い地下水の塩分濃度は河川水の濃度より平均して30%ほど大きい．地下水の水質に影響する要因として，地下水の起源となる降水や地表水の水質，地下水が含まれている地層（帯水層）の種類や環境条件などがあげられる．

種々の岩石地帯の地下水の水質を表4.8に示す．砂礫層や砂岩中には硫酸イオン，塩化物イオンの含有量は一般に少なく，陽イオンはナトリウム，カルシウム，マグネシウムの順である．わが国の地下水の多くは第四紀の堆積層に依存しており，このような水質が代表的なものと考えられる．石灰岩地帯の地下水はカルシウムイオン濃度，炭酸水素イオン濃度が大きい．火成岩はわが国の代表的な帯水層の1つである．ナトリウムイオン当量濃度は一般に塩化物イオンと硫酸イオンの当量濃度の和よりも大きい．

浅層地下水の一種である湧水の例として，武蔵野台地の国分寺崖線からの湧水（東京都国分寺市・真姿の池湧水）がある．この水は年間を通して水質の大きな変動はなく，水温16°C，pH 6.1，溶存酸素 7.8〜8.9 mg/L，塩化物イオン 11.9〜14.2 mg/L，硝酸態窒素 6.7〜8.3 mg/L 程度である．この水質の中で，とくに硝酸態窒素濃度が高いが，この原因は窒素安定同位体比（$^{15}N/^{14}N$）の測定により生活雑排水の土壌浸透の影響と考えられた．

4.7 雨水の化学組成

雨水は水蒸気の凝結によりできたもので本来，きれいな存在であるが，雨滴が降下し，地表に達する間に大気中の種々の成分を取り込み，汚れた雨になる．最近のわが国の雨水の平均組成を表4.9に示す．これは全国29地点で採取された降水の平均値である．pHは西日本で低く，成分濃度は東日本で高い傾向であった．また最近，窒素化合物，とくに硝酸イオンの濃度が増加していることが特徴である．

表4.9 降水の化学組成．表中の濃度を表す数字の単位は mg/L である

採取地点（期間）	降水量 (mm/y)	pH	Cl^-	SO_4^{2-}	NO_3^-	Na^+	K^+	Ca^{2+}	Mg^{2+}	NH_4^+
日本（全国29地点）(1986〜1988)[a]	1755	4.7	3.82	2.64	0.96	1.97	0.18	0.52	0.26	0.39
東京都府中市 (1992)[b]	1572	4.4	1.40	1.39	1.27	0.45	0.076	0.19	0.048	0.48
中国・重慶市 (1991〜1992)[b]	1240	4.6	0.98	22.5	2.79	0.55	3.23	8.38	0.49	1.91

[a] 環境庁による
[b] 小倉紀雄による

比較のため，中国・重慶市の雨水の化学組成も表4.9に示した．わが国の雨水の組成と大きく異なり，陰イオンでは硫酸イオン，陽イオンではカリウムイオン，カルシウムイオンなどの濃度が極めて高い．これは大量の石炭の燃焼に伴い排出される大気汚染物質が雨水に溶け込んでいるためと考えられる．反対に塩化物イオンとナトリウムイオンは，わが国の雨水濃度より低い．これは重慶市が海岸から1340 kmも離れており，海塩の影響を受けていないことを示している．このように雨水の化学成分濃度は，降水量ばかりでなく地域的な大気汚染物質や海塩の影響を受けて変動する．

4.8 水質汚染の実態と原因
4.8.1 水質汚染の原因

水の汚れの原因には生活排水，産業排水，農業排水，家畜排水，大気降下物などが考えられる．これらの汚染源の中で，大規模な工場，事業所（1日の排水量が50 m³以上）などの産業排水については法的規制により対策が講じられているので有害物質などによる水質の汚れは減少している．人間活動のとくに大きい東京湾，伊勢湾，瀬戸内海流域では化学的酸素要求量（COD）排出量の総量規制が実施されている．これら海域の1989年度における1日あたりのCOD発生負荷量はそれぞれ354，271，835トンであった．

総量規制処置によりCOD発生負荷量は年々減少しているが，東京湾流域では発生負荷量のうち生活排水によるものは68%に達し，伊勢湾，瀬戸内海で

も約50%になっている．生活排水による汚濁負荷の割合が大きく，その削減が重要であることが分かる．

(1) 生活排水

生活排水は生活雑排水と し尿排水 に分けられる．生活排水に特徴的な汚染物質は生物化学的に分解されやすい有機物である．このような有機物の量を示す目安が**生物化学的酸素要求量**（biochemical oxygen demand, BOD）である．試料の水をBOD測定用びんに入れて密封し，20°Cで暗所に5日間保持したときに消費された酸素量がBODである．生活排水ではBOD > COD，河川水では一般にBOD < CODである．

日常生活において1人1日あたりに排出される有機汚濁物質量をBODで表すと，その量は約43 gであり，そのうち，生活雑排水による汚れは70%を占め，その55%が台所からの炊事排水である．下水道整備計画で用いられている1人1日あたりの生活排水汚濁負荷量（これを生活排水原単位とよんでいる）を表4.10に示す．この値，とくにBODなどは食生活により変化する．

生活雑排水の指標物質として合成洗剤の主成分であるLAS（直鎖アルキルベンゼンスルホン酸塩）やその原料であるアルキルベンゼンが，また し尿排水 の指標としてコプロスタノールが用いられている．

表4.10 1人1日あたりの生活排水汚濁負荷量．
表中の数字の単位はgである[a]

項目	平均値	標準偏差	データ数	平均的な内訳	
				し尿	雑排水
BOD_5	57	13	43	18	39
COD	28	6	29	10	18
SS[b]	43	15	31	20	23
全N	12	2	7	9	3
全P	1.2	0.3	8	0.9	0.3

[a] 建設省都市局下水道部監修：流域別下水道整備総合計画調査 — 指針と解説 — （平成8年版），日本下水道協会（1997）による
[b] 懸濁物（suspended solids）

(2) 産業排水

産業排水による汚濁負荷は製品出荷額百万円あたりの排出負荷量で表現される．しかし，この値は業種や排水処理状況により大きく異なり，また年々出荷額が変動するので，産業排水による汚濁負荷の実態を正確に把握することは極めて困難である．

また産業排水には有機物，窒素，リンだけでなく，重金属，PCB（ポリクロロビフェニル．ポリ塩化ビフェニルともいう），有機塩素系化合物などの有害物質が微量に含まれることもあり，発生源で適切な処理を行うことが必要である．

(3) 農業排水

農作物の収量を上げるため，大量の化学肥料が用いられるようになり，そのため過剰の窒素成分が流出し，水域の富栄養化の原因となっている．水田における窒素流出量は施肥量の数％という推定値がある．過剰の窒素質肥料の使用により，表面流出水や地下水中の硝酸イオン濃度が増加する傾向が認められ，問題となっている．

畑地には害虫や雑草の除去のため種々の農薬が散布されている．農薬には有機塩素系殺虫剤，有機リン系殺虫剤，PCP（ペンタクロロフェノール）などの除草剤がある．HCH（ヘキサクロロシクロヘキサン），DDT（p,p'-ジクロロジフェニルトリクロロエタン）など有機塩素系農薬は残留性，毒性が大きく1971年に水田，畑への使用が禁止された．現在では残留性や毒性の小さい農薬が開発され，使用されているが，使用量を最小限に抑えることが大切である．

(4) 家畜排水

都市近郊でも家畜が飼育されるようになり，その排水による水質汚染が問題となっている地域もある．家畜1頭1日あたりの汚濁負荷量を表4.11に示す．ニワトリの排泄物は肥料として使用されるので，その汚濁負荷量は実質的にゼロと考えてよい．

4.8 水質汚染の実態と原因

表4.11 家畜1頭1日あたりの汚濁負荷量 [a]

項目	牛	豚	馬
水量 (L)	45〜135	13.5	
BOD (g)	640	200	220
COD (g)	530	130	700
SS (g)	3000	700	5000
全N (g)	378	40	170
全P (g)	56	25	40

[a] 建設省都市局下水道部監修：流域別下水道整備総合計画調査 — 指針と解説 — （平成8年版），日本下水道協会（1997）による

表4.12 湖沼水質保全計画に適用された林地の原単位．表中の数字の単位はkg/ha/yである [a]

指定湖沼（1992）	COD_{Mn} [b]	全N	全P
琵琶湖	18.2	7.34	0.139
霞ヶ浦	13.6	3.65	0.22
手賀沼，印旛沼	12.7	2.12	0.29
児島湖	6.13	1.78	0.099
諏訪湖	11.3	3.3	0.29
釜房ダム貯水池	33.3	3.8	0.15
宍道湖，中海	28.8	5.51	0.17

[a] 楠田哲也編著：自然の浄化機構の強化と制御，技報堂出版（1994）による
[b] 過マンガン酸カリウム法によるCOD

(5) レジャー施設からの排水

水源上流域においてゴルフ場が建設され，そこで使用される除草剤，殺虫剤，殺菌剤など農薬による水質汚染が懸念されている．また，リゾート関連施設からの排水，キャンプ場からの排水も合成洗剤（たとえば，LAS）などを含んでいる．

(6) 森林・林地からの排水

特定な排出源ではなく面的な汚染源として，森林や林地など自然地域から排出される窒素などがある．森林伐採により硝酸イオンなどの流出量が増加することが知られているが，これは間接的な人間活動の影響といえる．自然地域からの負荷量の大きさは単位面積，単位時間あたりの流出量により表現される．わが国の湖沼法による指定湖沼に関わる水質保全計画に適用された林地からの

流出負荷量を表 4.12 に示す．

(7) 大気降下物

陸水の起源となる降水そのものに汚染物質が含まれている．これは大気中の汚染物質が降水中に取り込まれるためである．そのメカニズムや汚染物質の種類・濃度に関しては後に述べる（8.1 節参照）．

4.8.2 富栄養化・赤潮・青潮

前項で述べたようにさまざまな起源により窒素，リンが水域に流入すると，植物プランクトンなど藻類（河川の場合には付着性藻類）が増殖し，水域は富栄養化状態になる．特定種の植物プランクトンの異常な増殖は海の場合に赤潮，湖沼の場合にアオコまたは淡水赤潮とよばれている．

(1) 赤潮

赤潮はプランクトンの増殖により，海面が赤褐色に変色するため，赤潮とよばれているが，必ずしも水の色に対応しているのではない．東京湾などでは赤潮の発生が日常化しており，その判定基準として，次のような目安が設けられている．

① pH 8.5 以上
② 透明度 1.5 m 以下
③ クロロフィル濃度 50 μg/L 以上
④ プランクトン細胞数 $10^3 \sim 10^4$/mL 以上

赤潮を引き起こす生物は鞭毛藻類，珪藻類，藍藻類が多いが，近年出現種は増加している．

(2) 青潮

青潮は硫化水素などを含む底層の無酸素水塊あるいは貧酸素水塊が沿岸域の表層まで浮上し，海面の水の色が濁った青色，緑白色を呈している現象である．青潮に特有な青白色，青緑色の原因物質は主としてコロイド状硫黄の粒子であると考えられている．東京湾では千葉県船橋沖などで初夏から秋にかけてしばしば認められ，表層で酸素が欠乏するため多くの場合，魚介類の へい死を招き，大きな被害を与えている．

青潮は赤潮とは本質的に異なる現象であるが，増殖したプランクトンが死滅後底に沈降し，分解され酸素が消費された結果起こる現象であり，お互いに密接に関連しているといえる．

4.8.3 微量汚染物質

微量汚染物質は大きく微量金属と人工有害物質に分けられる．これらは安定で微量でも生態系を通し濃縮されやすく，生物や人間にまで影響を及ぼすことがある．これらは地域的には発生源付近で土壌，水，堆積物などの汚染を引き起こす一方，大気中に放出されると地域から地球規模にまで広がり，広域的な汚染を引き起こす．

(1) 微量金属

東京湾堆積物中の微量金属の鉛直分布を図4.4に示す．亜鉛，クロム，銅，鉛，カドミウム，水銀などの濃度は1900年ころから増加し，1970年前後にピークに達し，それ以降減少している．このような傾向はわが国だけでなく，先進諸国でも認められており，たとえば東京湾と比較される北米のチェサピーク

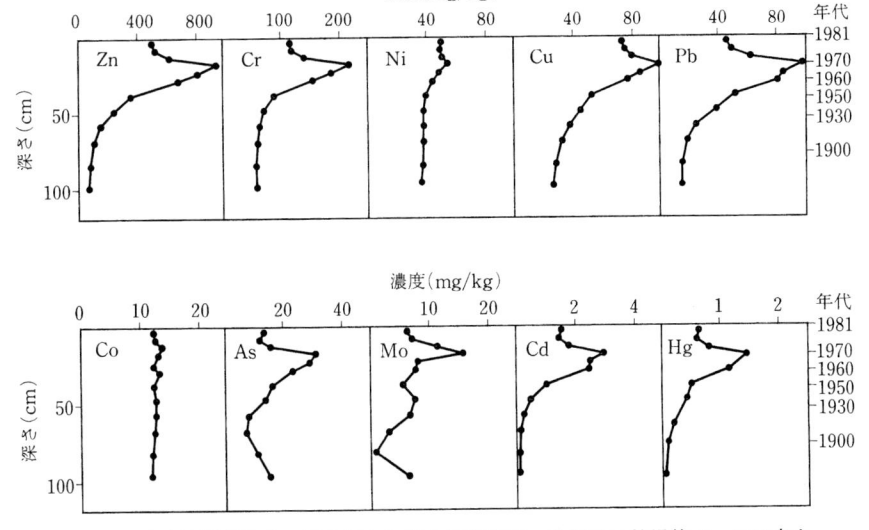

図4.4 東京湾堆積物中の重金属とヒ素の鉛直分布．分析値は乾燥体ベースで表す
(松本英二：地球化学, **17**, 27 (1983) による)

湾堆積物中の銅, 鉛, 亜鉛濃度も Owens, Cornwell によると 1970 年以降減少している. 人工有害物質についても同様な変化が認められている. これらは有害物質による汚染の変遷を反映するものであるが, 近年における濃度減少は水質汚濁防止法などによる規制の成果であろう.

(2) 人工有害物質

PCB は電気製品や熱媒体, 感熱紙などの幅広い分野で使用されていたが, その強い毒性のため 1972 年に製造および使用が禁止された. しかし環境庁の調査によると, 東京湾産のスズキ中の PCB 濃度は 1986 年からも上昇傾向にある. また 1994～1995 年に採取された東京湾のムラサキイガイには依然として PCB が蓄積され, とくに京浜工業地帯沿岸部で高濃度を示した.

PCB は化学的に安定であり堆積物中であまり分解されないと考えられるので, 最近の増加は沿岸域から新たな流入があったものと考えられ, 有害物質の取り扱い (使用, 保管, 廃棄など) には慎重を期することが要望されている.

(3) 環境ホルモン (外因性内分泌撹乱化学物質)

人間や野生動物の内分泌作用を撹乱し, 生殖機能の阻害や悪性腫瘍などを引き起こす可能性のある外因性内分泌撹乱化学物質 (いわゆる環境ホルモン) による環境汚染は, 大きな問題として取り上げられるようになった. 科学的には未解決の部分が多いが, 河川水などでも調査研究が行われるようになった. 産業系および生活系に由来する化学物質で, 年間生産量が多く, 環境中で検出されている主な物質を表 4.13 に示す. これらの定量限界は $0.0n$～$0.n$ μg/L (n は 1～9 の数字を示す) で, 建設省による全国河川の調査では (1998 年夏季), 検出限界以下から数 μg/L の値が得られた. 今後さらに詳細な調査研究を行って実態を明らかにすることが重要である.

(4) 土壌・地下水汚染物質

生活排水や化学肥料, 家畜排水の土壌浸透の影響で硝酸イオン濃度の大きい地下水がいろいろな地域で認められている. 硝酸イオンについての飲料水の水質基準は 10 mg N/L であるが, その基準を超えているところもある.

産業廃棄物は土壌や地下水の汚染の原因となる. ハイテク産業で使用された

表4.13 河川水中に検出されている主な環境ホルモン

分 類	物 質 名	主 な 用 途
アルキルフェノール類	4-n-オクチルフェノール 4-t-オクチルフェノール	界面活性剤
	ノニルフェノール	油溶性フェノール樹脂
フタル酸エステル	フタル酸ジ-2-エチルヘキシル フタル酸ブチルベンジル フタル酸ジ-n-ブチル	プラスチック可塑剤など（多くの合成樹脂に含まれる）
アジピン酸類	アジピン酸ジ-2-エチルヘキシル	耐寒用可塑剤 潤滑油
ビスフェノールA	ビスフェノールA	樹脂の原料
スチレン	スチレンモノマー	プラスチック原料

有機溶剤（トリクロロエチレン，テトラクロロエチレンなど）や重金属など化学物質による土壌・地下水汚染が各地で認められている．アメリカ合衆国・カリフォルニア州シリコンバレーで1980年代に発生した有害化学物質による地下水汚染は深刻な問題で，周辺住民の健康障害を引き起こした．わが国でもトリクロロエチレン，テトラクロロエチレンなどによる地下水汚染が全国的に広がった．

農村地帯では農薬の影響を受けている地下水もある．農村地帯の地下水から農薬のPCNB（ペンタクロロニトロベンゼン）を検出した例が報告されている．

土壌や地下水は一度汚染されると，良好な水質への回復に多くの時間が必要である．有害な廃棄物をできる限り排出しないように規制し，土壌や地下水の汚染を防止するための配慮が大切である．

(5) 水道水汚染物質

わが国で使用されている都市用水の水源は約69%を河川水に，約28%を地下水に依存している．都市周辺の水源地域では宅地開発やゴルフ場建設などにより，河川水量の減少や水質汚染が懸念されている．安全でおいしい水を確保するために，水源地域を汚染させないように，総合的に保全することが大切である．そのため，1994年に水源地域の水質保全に関する2つの法律が制定さ

れた．

　浄水場で消毒のために投入する塩素と水道水原水に含まれる有機物が反応し，トリハロメタンが生成する．トリハロメタンはメタンの水素原子3個がフッ素，塩素，臭素などで置き換わった化合物の総称で，水道水からは，クロロホルム，ブロモホルムなどが検出されている．きれいな原水であれば，有機物濃度が低く，消毒に使用される塩素の量も少なくてすみ，トリハロメタンの生成は少なくなる．水道水の水源となる河川や湖沼の水質を保全することは人間の健康にとっても大変重要なことである．

4.9 水質汚染の制御

　生活排水による水質汚染を防止するため，発生源対策，側溝・水路での対策，下水道・合併浄化槽の整備，河川や干潟など沿岸域での自然浄化などの利用が考えられる．

4.9.1 台所での雑排水対策

　前述のように，生活排水による汚濁負荷の割合が大きく生活雑排水対策が水環境保全のために重要な課題となっている．そのため，1990年6月，水質汚濁防止法の一部改正が行われ，国民の責務として生活雑排水対策が明確にされた．

　台所でできる雑排水対策を推進すると，BOD，SS（懸濁物）などの排出量が20～30％削減されることが環境庁や多くの自治体の調査により確かめられている．環境庁の試算によると，東京湾流域の住民2400万人の2割の人々が雑排水対策に協力すると，1日に6トンのCODが削減される．これは処理能力30～40万人の下水処理施設により処理される効果に匹敵する．このように手近なところでの汚れの削減は河川を浄化し，さらに東京湾の浄化につながる．さらに多くの人々が雑排水対策に協力すれば，大きな効果を発揮し，地球規模の環境問題の1つである海洋汚染の防止にも貢献することになる．

4.9.2 側溝・水路での対策

　木炭が悪臭や汚れを除くことは古くから知られている．東京都八王子市の

表4.14 木炭による水質浄化（東京都東久留米市黒目川）[a]

項目	水質 (1989.12.16)	負荷量 （木炭1 kg あたり）	除去量 （木炭2.5トン使用）
SS	16.0 mg/L	0.15〜0.18 kg	33〜58 kg
DOC[b]	27.4 mg C/L	2.99 mg C	4.2〜5.2 kg C
LAS	4.92 μg/L	42.5 μg	1.1〜1.3 kg
BOD	41.5 mg/L	359 μg	1.8〜2.1 kg

[a] 新舩智子ほか：用水と廃水, **33**, 993（1991）による
[b] 溶存有機態炭素（dissolved organic carbon）

"浅川地区環境を守る婦人の会"のメンバーは河川の汚れは自分たちの生活排水であることを水質調査やアンケート調査から知り，手作りの浄化として木炭を利用する試みを行った．このような活動は大きな反響をよび，木炭による水質浄化の試みが全国的に広がった．

木炭による水質浄化効果について定量的な評価が行われた．実験は日野市南平用水，東久留米市黒目川において行われ，浄化に必要な木炭の量，有効期間などが明らかにされた．黒目川の場合は平均流量が21.6 L/sであり，実験に使用した木炭の量は2.5トンであった．黒目川の水質，木炭1 kgあたりの負荷量，13〜15日間の木炭設置によって除去された汚染物質の量を表4.14に示した．

4.9.3 下水道・合併浄化槽の整備

人口の集中した都市では下水道（公共下水道，流域下水道）が普及し，都市河川の水質は1970年代に比べ改善された．東京都区部における下水道の普及率はほぼ100%，多摩地域では平均89%，政令指定都市では78〜100%となっている（1997年度末）．

しかし都市の郊外や農村地域では人口密度が低いため，下水道の普及はなかなか困難である．そのような地域でもトイレの水洗化の要望が強く，コミュニティ・プラント，浄化槽（合併，単独）の設置が行われている．し尿だけを処理する単独浄化槽の処理水質の基準はBOD 90 mg/Lであり，生活雑排水は未処理のまま放流されるため，流入する河川などの汚染の原因となっている．今後は雑排水と　し尿　を同時に処理する合併浄化槽の普及が重要である．"石

井式"浄化槽のように処理水質が非常によいものも考案されている．

前にも述べたが，都市化され，下水道が普及するのに伴い生じる問題点は，河川の水量の減少である．河川に放流されていた雑排水が減少することも1つの原因であるが，人口の増加に伴い，緑地など透水性面積が減少し，水源となる湧水量や河川流量の減少が起こった．都市河川として代表的な東京都 野川上中流域では水が涸れてなくなる現象が春から夏に認められている．また，大雨のときの氾濫を防ぐため，河川がコンクリート張りに改修され，水路化されている河川も多くある．

4.9.4 自浄作用の強化ー多自然型川づくりー

排水は側溝・水路を通り，河川に流入する．"三尺流れれば水清し"といわれるように，河川は本来汚れを浄化する自浄作用をもっている．コンクリート張りの河川には瀬や淵がなく，生物の生息場所が限られ，自然の浄化能力が小さくなる．最近，生物が生息しやすいように，自然状態の河川に再生する試みが行われている．

スイス，旧西ドイツなどでは，近自然河川工法によりコンクリート張りの河川が本来の河川に近い姿に改修される試みが行われている．わが国では建設省が"多自然型川づくり"をめざし，各地で生態系と景観を考慮した河川の改修が行われている．

自然状態の河床とコンクリート張りの河床の水質に及ぼす影響について脱窒作用を評価した結果が得られている．その結果によると野川における河床形態の異なる地点において，各々の区間あたりの窒素負荷量に対する脱窒活性と河川水の流達時間から求めた脱窒量の割合は，コンクリート河床区間で平均0.3%であったのに対し，礫・砂の自然河床区間で平均2.3%と大きくなった．これは礫・砂でできた自然河床区間の方が水がゆっくり流れ，自浄作用が有効に作用するためと考えられる．コンクリート張りへの改修は景観面ばかりでなく，水質浄化の面からも好ましくないと考えられる．

4.9.5 干潟・浅瀬の活用

かつて東京湾沿岸には干潟が広がり，その面積は $136\ \mathrm{km^2}$ もあったが，埋

め立てが進み，現在では10 km²にまで減少してしまった．干潟は微生物，底生生物の生息にとって極めて条件のよい場所であり，河川を通じて運ばれてきた汚染物質やプランクトンなど粒子状物質が効率よく分解除去される．

現在の東京湾の干潟や浅瀬における脱窒は流入負荷量の約2〜3%程度と見積もられている．また，干潟の底生生物による粒子状有機炭素の除去量は流入負荷量の数%，粒子状有機窒素については約1%程度と推定されている．かつての東京湾では1日の流入有機汚濁負荷量の約80%がアサリなど底生生物により除去され，現在に比べ10倍以上の浄化能力があったため，水質が良好に保たれていたと思われる．現在，人工の干潟が造成されているが，現状の流入負荷量がある限り，1920年ころの水質に戻すことは極めて困難であることが推定された．

そのほか，沿岸域に生育するヨシなど水生植物や藻場に生育する大型海藻類による窒素，リンの取り込みによる浄化が考えられる．これら植物が生息できるような環境を保全し，積極的に再生することも重要な課題であると考えられる．

演 習 問 題

[1] 環境中で水はどのような働きをしているか．
[2] 日本と世界の水収支の特徴を比較せよ．
[3] わが国の家庭で使用される1人1日あたりの水量は今後さらに増加すると考えてよいか．
[4] 河川を通じて陸から流入する物質の河口域における挙動について述べよ．
[5] 地下水中の硝酸態窒素（硝酸イオン）濃度の増加はどのような原因で起こっているか．
[6] 雨水中の溶存成分，懸濁物の濃度は雨の降り始めからの時間経過とともにどのように変化すると思うか．
[7] 日常生活から排出される生活排水のBODを250 mg/Lとするとき，排水1 L中の有機汚濁物質を分解するのには8 mg/Lの溶存酸素を含む河川水が何L

必要か．

[8] 農業排水にはどのような成分が含まれているか．このような水を浄化するのに適した方法を述べよ．

[9] 東京湾堆積物中の重金属の鉛直分布（図 4.4）から，どのようなことが読みとれるか．

[10] 木炭を用いた水質浄化実験の結果（表 4.14）から，SS が除去された割合を計算せよ．

[11] 水質浄化における干潟の役割について述べよ．

第5章　土　　壌

　土壌は植物の生育を支える媒体であり，農産物をつくり出す資源でもある．土壌は無機物と有機物の単なる混合物ではなく，その中に生物も含む複雑な複合体である．土壌には多くの成分を保持する能力があるが，それは植物の生育にとって必須である成分を保持すると同時に有害物質も蓄積する結果となった．重金属，PCBなどによる土壌汚染は各地で発生している．土壌汚染の拡大を防ぐために有効な方法の開発が急がれる．

5.1　土壌とはなにか

　土壌は地殻表面を薄く覆っている，天然の未固結物質である．日常的には土とよんでいる．本来，人間は土の上で生活していた動物であるが，人間が都市生活を営むようになってから次第に土は人間から縁遠いものになってきた．都市環境はある意味で人間にとっては便利，かつ快適であるが，自然環境とは切り離された人工環境である．そのためか一部の人たちは土を"汚いもの"と考えるようになった．

　土壌はそれが利用される目的に従ってさまざまに定義されるが，われわれが普段目にしている植物生育の場としての土壌は次のように定義されている．

① 　地表を薄く覆っている，固結していない天然の物質である
② 　岩石の風化で生じた粒子状物質（無機物）と植物の分解残留物（有機物）の複雑な混合物である
③ 　植物の生育を支えることができる物質である

　とくに最後の"植物の生育を支える"という特性は人間に食糧を供給する場としての土壌の重要性を物語っている．土壌の損失，たとえば，浸食による土壌の流失は資源の損失といっても過言ではない．地域（たとえば，中国の黄土

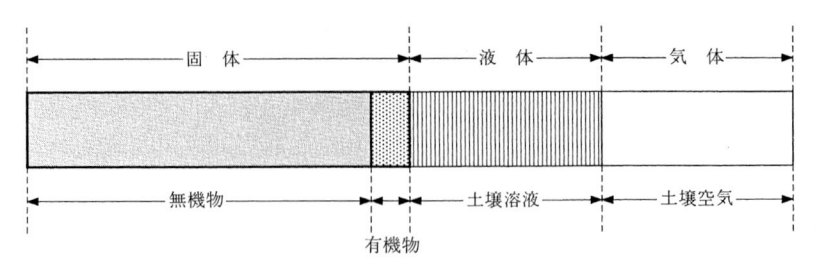

図 5.1 土壌中の無機物，有機物，水（土壌溶液），空気（土壌空気）の平均的構成比（体積比）

高原，マダガスカル島など）によっては年間 1 cm にも及ぶ激しい土壌浸食が発生している．これは世界規模の環境問題である．

　土壌を構成しているのは固体物質だけではない．植物が生育するのに必要な水と空気も土壌の構成要素である．土壌の平均的な構成は図 5.1 に示した通りで，体積比で約 50% は水と空気が占めている．構成比は決して一定ではなく，土壌の種類によって大きく変化する．有機物の量でいえば，泥炭土壌では 20% 以上，森林土壌では 10% 以上であるが，温帯の農業土壌になると 1〜5%，熱帯の農業土壌ではさらに少なくなって 0.1〜2% に減少する．また同じ土壌であっても圧縮されると土壌中の水，空気が追い出され，植物の生育には適さない固い土壌となる．植生が脆弱な地域では，トラックのような重量物が往復するだけで土壌が圧縮され，土地は不毛化することが知られている．このような事例はモンゴルに見られる．

　土壌中にはミミズ，ヤスデのような小動物に加えて，多種多様な微生物が見いだされる．これらの生物は単に土壌を生息の場としているだけではなく，植物の生育に適した土壌構造をつくり出すことに寄与している．このような生物の働きなしに土壌の存在は考えられない．他方，植物はこれらの生物に食糧を供給しているので，植物と土壌中の小動物・微生物は互いに助け合って生存しているのである．

　森林は多くの動植物に生存の場を提供しているが，これは同時に種の多様性を維持する上で重要な場となっている．とくに熱帯林は生物種の宝庫とよばれている．また森林は雨水を長時間にわたって保持し，それを少しずつ流し出す

5.2 土壌の構成成分

　土壌はすでに述べたように，無機物と有機物の混合物である．表層土壌は黒色を帯びていることが多いが，これは有機物の存在によるものである．土壌を焼くと有機物が酸化分解され，赤みがかった粉末となる．この色は酸化鉄(III)の色である．有機物に乏しい土壌は黄褐色を示すのが普通である．着色の原因となっている成分は水和酸化鉄(III)である．この化合物は含まれる水の量によって色が変化する．水が少ないほど赤みが強くなる．熱帯土壌が赤いのは水和酸化鉄(III)に含まれる水が少ないためである．

　土壌中の無機物の中心となる物質は粘土鉱物である．化学的にいえば含水アルミノケイ酸塩である．粘土鉱物は土壌の原料となった岩石（これを母材という）の風化で生じたものである．粘土鉱物は径が $2\,\mu m$ 以下の微細な粒子として存在している．母材の多くは高温のマグマが固化して生じた火成岩とよばれる岩石である．火成岩を構成する鉱物のあるものは常温の水に触れて分解し，地表条件下で安定な鉱物に変化する．これが化学風化である．粘土鉱物は風化によって生成した鉱物の1つである．

　たとえ母材が同じであっても，化学風化の生成物は温度，水の供給量などによって変わってくる．熱帯の多雨地域ではシリカも溶脱され，最後に残るのはアルミニウム，鉄の水和酸化物である．温帯で平均的な降水量のある地域では主な生成物は粘土鉱物である．このように気候は生成する土壌の性質を支配する重要な因子である．

　母材に含まれる鉱物の中には風化に対して抵抗性があり，母材中の形のままで残留するものがある．石英はこの種の鉱物の代表である．風化生成物は粘土質の微細粒子と砂質の粗い粒子の混合物となる．母材を構成する鉱物の種類と粒径の大小によって，生成する土壌の質が変化する．母材が花こう岩であれば砂質の土壌，玄武岩であれば粘土質の土壌が生成する．

粘土鉱物が主体である泥を水でこねて乾燥すると固い塊になる．世界の乾燥地帯ではこのような塊を 日干しれんが といって建築材料に使用する．無機質ばかりの土壌では晴天が続くと 日干しれんが のように固結してしまい，植物の生育には不適当な状態になる．

土壌中の有機物は無機物の表面を被覆することで，土壌が乾燥したときに固結することを防いでいる．この有機物は植物から供給された落枝，落葉が虫に食われ，微生物によって分解されたあとの残留物であって**腐植**（humus）の名でよばれている．腐植は黒色を帯びた有機高分子であって，ヒドロキシル基，カルボキシル基を含み，化学的に安定な物質である．これらの基は錯体をつくる働きがある．安定であるといっても少しずつは分解され，小分子となって土壌中を浸透する水によって運び去られる．従って，たえず有機物が供給されなければ土壌はその機能を失うことになる．

5.3 土壌の特性

土壌の特性は通気性，透水性，保水性と植物に必要な栄養成分の保持能力にある．これらの性質が同時に満足されないと，植物の健全な生育は期待できないし，また種々の生物の生息の場としての条件も失われることになる．

5.3.1 通気性

植物の根が呼吸するためには空気の流通が必要である．砂のような粗い粒子からなる堆積物は，粒子間に十分な すき間 があるので通気性は非常によい．粗い粒子を含む砂質土壌も通気性に富んでいる．

土壌粒子の すき間 に存在する気体が土壌空気である．その組成は空気とほとんど同じで，二酸化炭素の量がやや多い程度である．二酸化炭素は植物の呼吸，有機物の分解で供給されたものである．

5.3.2 透水性

土壌が水浸しになり，空気の流通が妨げられると植物の根は窒息し，ついには枯れてしまう．適度の透水性が必要である．よく知られているように，通気性のよい土壌は 水はけ もよい．これに対して粘土質土壌は雨が降ると表面に

水たまりができる．これは透水性が小さい土壌である．

5.3.3 保水性

水がなければ植物は育たない．そのために土壌は常に適当量の水を保持していなければならない．これは透水性と両立できないように見えるが，土壌粒子が多孔質の粗い粒子であれば透水性と保水性の両方の性質を合わせもつことができる．水は粒子内の細孔に保持されている．しかしそれだけでは量的に不十分である．実際の土壌は大小さまざまな粒子の集合体であり，接触している粒子間に毛管現象で水が存在している．土壌が保持している水を**土壌溶液**（soil solution）という．

通気性，透水性，保水性という複雑な土壌の特性は，図5.2に示した状態で粒子，土壌溶液，土壌空気が共存することで説明することができる．土壌溶液，土壌空気とも状況に応じて移動する．たとえば，表層土壌が日射によって加熱されると，土壌中の水分が蒸発して失われる．水分の減少を補うために下層の土壌が保持していた水が上昇してくる．日中は乾いていた土壌も，夕刻になって気温が低下してくると湿り気を帯びてくるのはそのためである．水の蒸発，凝縮が空気の移動を伴うことは自明であろう．

水の蒸発は熱を奪うので，土壌が高温になるのを防ぐ働きがある．このような空気，水の移動がなかったとすれば，土壌は生物にとって極めて棲みにくい

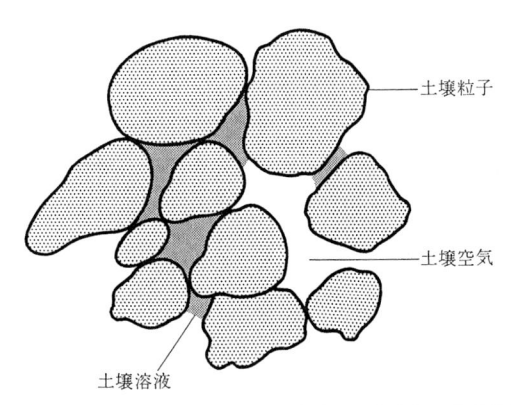

図5.2 土壌中の固体粒子，土壌溶液，土壌空気の共存状態

5.3.4 保肥性

保肥性とは土壌が栄養成分を保持する性質のことである．植物は土壌中の栄養成分を吸収して成長するが，このときの栄養成分は土壌溶液中に溶存していたものである．植物の生育に欠かすことができない元素は窒素，リン，カリウムである．中性の土壌溶液中で窒素はアンモニウムイオンまたは硝酸イオン，リンはリン酸水素イオン，カリウムはカリウムイオンとして存在する．

栄養成分といっても高濃度であれば，植物にはかえって害となる．事実，土壌溶液の濃度は河川水と同程度である．植物が栄養成分を吸収すれば，土壌溶液中の濃度はたちまち低下し，植物の成長は妨げられることになる．実際にはこのような問題が起こらず，植物が順調に生育できるのは土壌の固相部分に土壌溶液中の成分濃度を一定に保つ働きがあるためである．この働きによって土壌溶液中の濃度が低下すれば，固相からの溶出によってその成分が補充され，逆に土壌溶液中の濃度が高くなれば固相がその成分を取り込むことで，濃度が調節される．土壌がこのような性質を示すのは，固相を構成する粘土鉱物，水和酸化鉄(III)，有機物が吸着性，イオン交換性を示すためである．

5.4 土壌の層状構造

土壌の断面を観察すると，色，粒度などを異にするいくつかの層から構成されていることが分かる．このように物理性，化学性で互いに区別できる個々の層を**土壌層位**（soil horizon），すべての土壌層位を示した断面を**土壌断面**（soil profile）という．土壌断面の例を模式的に図5.3に示した．

植物が生育している場所であれば，最上層は不完全に分解された落葉，落枝から構成される層であってO層とよばれている．O層は本来の土壌ではなく，土壌の前駆体である．O層の下にはA層，B層，C層が続く．A層は母材の風化生成物にO層から供給された有機物（腐植）が混合したもので，有機物の量が多いと黒色を帯びている．このようにA層は有機物の供給を受けるが，同時に土壌中を浸透する雨水によって一部の成分が溶出して運び去られる．こ

5.4 土壌の層状構造

のため A 層といっても，全体が均質な組成と性質を示すわけではなく，O 層に近い部分は腐植に富むが，B 層に近い部分は下降する雨水によって強く溶脱を受けている．

A 層の下に位置する B 層には，A 層から溶出した成分の一部が集積されている．A 層と B 層の間には漸移的な境界層が見られる．B 層は土壌の無機質を代表する物質ではあるが，岩石の風化で生じた不溶性物質と組成的に完全に一致しているわけではない．濃縮された元素もあれば，反対に除去された元素もある．こうして B 層も細かく見ればいくつかの層に分けることができる．しかし大局的に見れば B 層全体は母材の元素組成を反映していると考えてよいであろう．

B 層の色は鉄化合物の種類によって変化する．酸化的な環境では鉄は 3 価の状態にあるので，土壌の色は水和酸化鉄(III) に特徴的

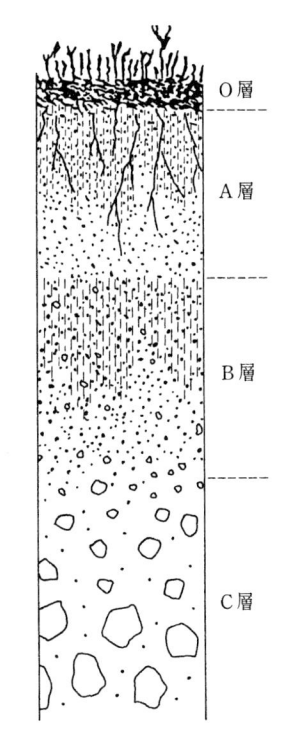

図 5.3　模式的に表した土壌断面

な赤褐色から黄褐色を示す．これに対して B 層が還元的な環境にあるときは鉄は 2 価となるので，土壌は淡青色を帯びることが多い．C 層は未分解の母材を含む層であって，深くなるほど母材の割合が増え，角礫状の岩石片が目立つようになる．C 層の下部は未変質の母材に漸移する．

母材が岩盤であれば，上述の層全体を観察することができるが，母材が火山灰であると風化が速く進行し，母材に相当する火山灰はすべて分解されてしまう．しかもある期間をおいて何回か噴火が起こると A 層と B 層が繰り返された構造を示す．このような構造は火山灰土に見られる．

このように土壌の構造が複雑であるために，層状構造のどの部分が土壌であるかを一義的に規定することは難しい．土壌の特性である通気性，透水性，保

水性，保肥性を備えた部分はA層であり，それは土壌の組成を代表する層でもある．しかし，土壌が植物の生育を支える媒体という定義を尊重すれば，植物の根が届く深さまでが土壌ということになる．けれども土壌の性質，植物の種類によってその深さは変動するので，これまた一義的な結論には到達できない．

5.5 レザーバとしての土壌

　土壌は大気，海洋と同様に環境中の物質移動における1つのレザーバ（貯蔵源）である．土壌は重金属，有機塩素化合物などの汚染物質を蓄積することが知られている．人間活動が土壌に与える影響を評価するためには，土壌の全量に関するデータが必要となる．土壌が分布する面積と土壌の平均の厚さが分かれば土壌の全体積を計算することができる．これに土壌の平均密度を掛ければ土壌の全質量が求められる．

　Mackenzieらは土壌の分布する範囲を陸上の氷に覆われていない部分の面積（133×10^{12} m^2），平均の厚さを0.6 m，平均密度を2.5×10^3 kg/m^{3}と仮定し，土壌の全量として0.20×10^{18} kgを得た．土壌の平均の厚さが正確という保証はどこにもない．このようにして算出された土壌の全量は1つの目安に過ぎないが，それに代わるデータもないというのが実状である．

　土壌は常に浸食されている．河川を通じて陸から海に輸送される懸濁物のうち，かなりの部分は土壌粒子と考えてよい．懸濁物の年間輸送量は16×10^{12} kgである（2.2節参照）．この量を陸が浸食される厚さに換算すると年間0.05 mmとなる．すなわち，1 cmの陸が削られるのに200年を要するのである．

　汚染を受けた表層土壌の除去される過程が浸食だけであるとすれば，わずか深さ数 cmまでの汚染であっても，それが浄化されるまでに要する時間は10^3年のレベルとなる．土壌汚染は長期間にわたる災害なのである．

5.6 土壌の化学組成

　土壌の元素組成を決定する要因として最も重要なものは母材（岩石）の元素

5.6 土壌の化学組成

表5.1 土壌の平均元素組成．とくに示したもの以外，濃度は ppm である

元素	濃度	元素	濃度	元素	濃度
Li	25	Ni	50	Ce	50
Be	0.3	Cu	30	Pr	7
B	20	Zn	90	Nd	35
C	2.0%	Ga	13	Sm	4.5
N	0.2%	Ge	1	Eu	1
O	49%	As	6	Gd	4
F	200	Se	0.4	Tb	0.7
Na	0.5%	Br	10	Dy	5
Mg	0.5%	Rb	60	Ho	0.6
Al	7.1%	Sr	140	Er	2
Si	33%	Y	40	Tm	0.6
P	800	Zr	140	Yb	3
S	700	Nb	10	Lu	0.4
Cl	100	Mo	1.2	Hf	3
K	1.4%	Ag	0.05	Ta	1
Ca	1.5%	Cd	0.35	W	1.5
Sc	7	In	1	Hg	0.06
Ti	0.5%	Sn	4	Tl	0.2
V	90	Sb	1	Pb	12
Cr	70	I	5	Bi	0.2
Mn	0.1%	Cs	4	Th	9
Fe	4.0%	Ba	500	U	2
Co	8	La	40		

組成である．母材の風化生成物が土壌の無機物を代表することはすでに述べたが，母材が風化される過程で，ほとんどの元素は失われることなく風化生成物中に移行する．失われるのはナトリウム，カルシウムのような溶出しやすい元素だけである．無機元素に関する限り，母材の元素組成はそのまま土壌に引き継がれる．土壌は無機物と有機物からなるが，有機物に特徴的な元素は炭素，窒素など少数の元素に限られる．そのため乾燥土壌の平均組成（表5.1）は有機物に特徴的な元素を除けば，岩石（地殻）の平均組成に等しい（図5.4）．

土壌の化学的特性は元素濃度だけで決まるものではない．可能であれば存在状態別に濃度を求める必要がある．存在状態によって生物に対する影響が異なるからである．3価クロムよりも6価クロムの方が，無機水銀よりも有機水銀の方が毒性は強い．重金属イオンは有機物と結合することで土壌中の挙動が遊

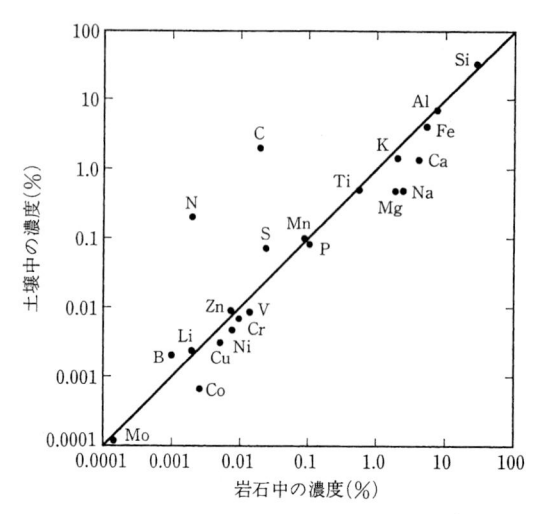

図5.4 土壌と岩石の平均組成の比較（明畠髙司編：化学環境概論，共立出版（1988）による）

離イオンの場合と異なることがある．

　土壌 pH もまた土壌の重要な特性である．土壌試料を水，または塩化カリウム水溶液とふり混ぜたときの上澄液の pH が土壌 pH である．ナトリウム，カリウム，マグネシウム，カルシウムなどの塩基成分に乏しく，pH 緩衝能が小さい土壌は酸性物質の影響を受けやすい．酸性化した土壌は植物の生育を妨げる．

　土壌中の有害元素の濃度が高いとき，その原因が母材にある場合と外界からの供給にある場合が考えられる．母材を分析してみれば，有害元素が母材起源か外来性のものかを判別することができる．

5.7 土壌の分類

　土壌には母材の鉱物組成と化学組成，土壌の分布する地域の気候，地形，植物相などを反映して外観ばかりでなく，物理的・化学的特性を異にする多くの種類が存在する．これらの土壌を分類し，命名することは土壌学の目的であるとともに，土壌の効果的な利用のためにも必要なことである．

5.7 土壌の分類

　土壌の分類はもともとが大陸の平坦で，しかも降水量の少ない地域を基準に行われてきたものである．大陸と比較すれば　わが国は　地形が急峻であって浸食が著しい．そのために母材の風化が完全に進行して，成熟した土壌が生成する以前に土壌が失われがちである．すなわち，日本の土壌は一般的に未成熟である．大陸で確立された土壌の命名をわが国の土壌に適用することは困難である．このために名前が同じであっても，大陸と日本では土壌の性質が異なる場合がある．あるいは1つの名前でよばれる土壌の性質には幅があると考えてもよい．

　わが国は全般的に気温が高く，降水量が多いので，母材の風化で溶出したアルカリ金属，アルカリ土類金属が失われやすく，あとにはこれらの塩基成分に乏しい酸性土壌が残される．そのために土壌が酸性雨を中和する能力には限界があり，酸性雨による土壌の劣化（生産能力の低下）が懸念されている．

　日本を代表する土壌は褐色森林土，赤黄色土，黒ボク土である．褐色森林土はその名の通り森林の基盤となる土壌であって，国土の66％が森林で覆われているわが国では褐色森林土の占める割合は大きい．ただし，森林を構成する樹種によって土壌の性質も異なってくる．樹種の分布は気候，地形にも左右されるから，土壌の性質を支配する因子として気候は極めて重要である．

　赤黄色土は過去の温暖な時期に母材が風化を受けて生成した土壌で，主に近畿・中国・四国地方の海岸沿いに分布している．土壌の色は比較的高い温度のもとで生成した水和酸化鉄(III)の存在と腐植質に乏しいことを表している．

　黒ボク土は火山灰を母材とする土壌，すなわち，火山灰土である．わが国は火山活動が活発な国であるから，黒ボク土に覆われている地域は各地にあり，全国平均では16.4％に達する．その中でも関東地方は38.4％がこの土壌で占められている．関東地方の場合，北関東と南関東では火山灰を供給した火山が異なり，しかも火山によって火山灰の元素組成が異なることから，黒ボク土といっても地域によって微量元素の濃度に差が見られる．

　黒ボク土はその名の通り黒色が特徴的であるが，これは多量の腐植質を含んでいるためである．一見非常に肥えているようであるが，土壌塩基に乏しく，

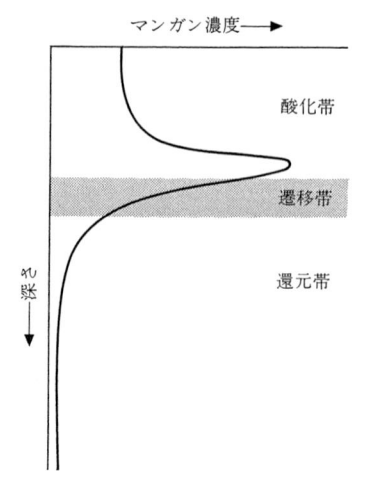

図5.5 水田土中のマンガンの分布．還元帯中で土壌粒子から溶出した Mn^{2+} は上方に拡散し，酸化帯に入ったところで $MnO_2 \cdot nH_2O$（水和二酸化マンガン）として沈殿する

肥沃な土壌とはいいがたい．歴史的に見ると赤黄色土の方が古く，黒ボク土は赤黄色土の上に位置している．

　水田の土壌は水田土とよばれ，稲作の影響を強く受けた人工的な土壌である．湛水によって下層では溶存酸素が消費されて還元的な状態となり，土壌粒子中の鉄，マンガンが2価イオンとなって溶出する．これらのイオンが上方に拡散する過程で酸素が存在する層に到達すると，再び不溶性の水和酸化物となって沈殿する．このため鉄，マンガンは土壌中の酸化帯と還元帯の境界に濃縮し，深さ方向の濃度分布には特異的なパターンが見られる（図5.5）．

5.8 土壌汚染

5.8.1 土壌汚染の特徴

　土壌汚染とは有害物質が土壌中に蓄積される現象のことである．汚染された土壌から収穫された農作物，あるいはその土地に生育した牧草で飼育された家畜の肉を食用とした場合に，人間の健康になんらかの障害が発生する．このほか汚染された土壌に接触したり，土壌粒子を吸い込んだりしたときにも問題が

起こることがある．そのため多くの汚染物質に対して環境基準が設定されている．

このような汚染が発生するのは，保肥性のところで述べたように，イオン交換，吸着などの作用で土壌が多くの物質を保持する性質を備えているためである．とくに土壌有機物にはある種の有機溶媒や農薬を強く保持する傾向が認められる．

大気，河川，あるいは海洋中と比較すると，土壌中では物質移動が非常に遅い．汚染物質が水溶性であったり，化学的，生物学的に不安定であって短時間で分解される場合を除けば，汚染物質の土壌中の平均滞留時間は極めて長いものとなる．すでに述べたように土壌はさまざまな物質を保持する特性をもっている．植物の生育に必要な成分の保持は農業生産に必要であるが，有害物質に対しても土壌は同様な保持能力を示すのである．

有害物質の発生源は人間活動である．農業生産のために長期間にわたって化学肥料，農薬を使い続けることで土壌汚染が発生する．鉱石の採掘と製錬も土壌汚染の原因である．雨で流出した鉱滓や廃石が水田の土壌を汚染した例は各地にある．工業生産が引き起こした災害としてはPCB汚染，6価クロム汚染などが知られている．タンクから有機溶媒が漏れて土壌，地下水を汚染することもある．廃棄物の不適切な埋め立て，保存なども土壌汚染に直結している．工場跡地を他の目的に転用するときは事前に汚染の有無を十分に調査しなければならない．

土壌がいったん汚染されると，その後に汚染物質の供給がなかったとしても自然に浄化されるためには長い時間が必要となる．汚染された土地から有害物質を短時間で除去する手段としては客土しかない．

5.8.2 汚染物質

わが国で最初に問題となった農用地土壌の汚染物質はカドミウム，銅，ヒ素である．これらの元素は人体にとって有害であり，しかも土壌中に残留する性質があることから，汚染防止を目的として基準値が設定された．農用地を汚染する元素はこれらの3元素だけではない．化学肥料にも微量ではあるが種々の

重金属が含まれている．長期間にわたって化学肥料を繰り返し施用していると，重金属が土壌中に蓄積され，土壌汚染を引き起こす恐れがある．

　カドミウムの汚染源は亜鉛を産出する金属鉱山である．鉱山から流れ出した微粒の鉱石を懸濁した水が水田土を汚染したことがイタイイタイ病の原因であった．鉱石中には亜鉛濃度の 0.1% 程度のカドミウムが含まれている．カドミウムの基準値は乾燥玄米 1 kg あたり 1 mg である．

　銅，ヒ素は鉱山起源のこともあるが，農用地の場合，主な汚染源は農薬である．現在でも使用されている殺菌剤の中にも銅，ヒ素を含むものがある．銅の基準値は土壌から 0.1 mol/L 塩酸で抽出される濃度が 125 ppm とされている．南関東に分布する火山灰土（関東ローム）も約 100 ppm の銅を含んでいるが，この銅は自然起源であって，この濃度の塩酸ではほとんど抽出されない．

　ヒ素の基準値は土壌から 1 mol/L 塩酸で抽出される濃度が 15 ppm と定められている．非汚染土壌中のヒ素濃度は 0.1〜40 ppm の範囲にあるが，このヒ素は水に不溶であって，植物に取り込まれる量はごくわずかである．

　土壌残留性が強く，しかも慢性毒性がある塩素系殺虫剤の DDT（p, p'-ジクロロジフェニルトリクロロエタン）と HCH（ヘキサクロロシクロヘキサン．以前はベンゼンヘキサクロリドとよばれ，略号 BHC が用いられていた）はともに 1971 年に使用が禁止された．これらは化学的に分解されにくい上に脂溶性であるため，生体内に蓄積される．有機物に対する親和性が大きいので，有機質に富む土壌中に残留する傾向がある．

　有機塩素化合物のダイオキシン類もまた土壌の汚染物質である．ダイオキシン類の供給源はゴミ焼却装置と農薬が考えられる．焼却装置から放出されたダイオキシン類を含む粒子は発生源から遠くない場所に降下する．このため発生源付近の土壌中のダイオキシン類濃度は，一般地域の土壌中の平均濃度 6.5 pg-TEQ/g の 10 倍を超えることもある．不純物としてダイオキシン類を含む農薬としては除草剤 2,4-D と 2,4,5-T が代表的である．これらの除草剤はベトナム戦争で枯れ葉剤として使用された前歴がある．現在生産されている農薬中のダイオキシン類濃度は大幅に改善されている．

土壌中のダイオキシン類は長期間にわたって残留する性質がある．これはダイオキシン類が化学的に安定で，しかも水に不溶であるためである．雨が降ってもダイオキシン類は水に溶けて流れ去ることがない．汚染された土壌は大気，水，生物に対して二次的汚染源となる恐れがある．土壌に対する環境基準は 1.0 ng-TEQ/g 以下とされているが，これは 30 年間にわたって汚染土壌の上に生活しても健康が損なわれないことを前提として算出された値である．

　このほかトリクロロエチレン（沸点 87°C），テトラクロロエチレン（沸点 121°C）による土壌汚染の事例も報告されている．これらの有機溶媒は工業的には溶剤，金属の脱脂洗浄などに用いられているが，ドライクリーニングの溶剤としての消費量も多い．土壌汚染ばかりでなく，水質汚染の原因物質でもある．このように土壌を汚染する物質は入れ替わり立ち替わり登場してくる．新しい汚染物質の出現に対して監視を続けなければならない．

演 習 問 題

[1] 環境化学的には土壌をどのように定義するのが適当か．
[2] 土壌の有機物含量を支配する要因はなにか．有機物に乏しい土壌にはどのような問題が発生するか．
[3] 土壌が汚染物質を保持できるのは，土壌のどのような性質によるものか．
[4] 水田土で元素の深さ方向の分布にはどのような特徴が見られるか．
[5] 土壌汚染を引き起こす物質をあげ，それがどのような人間活動によって供給されたかを述べよ．
[6] 土壌にもともと含まれていた重金属と，人間活動によって二次的に供給された重金属を区別する方法を示せ．

第6章 生 物 圏

 生物圏はすべての生物とそれが生息している媒体を含む地球の表層部分である．これまでは環境中の物質移動と循環を大気，水による物質の運搬として扱ってきたが，生物もまた物質循環において重要な役割を果たしている．生物の働きはそればかりではなく，物質の合成・分解といった化学反応にも深く関わっている．この章では生物圏を構成する主要な元素や物質の循環とそれに及ぼす人間活動の影響，物質循環が正常なバランスを保つための基本的な考え方について述べてみたい．

6.1 生物圏の概念

 生物圏（biosphere）の概念は1875年オーストリアのSuessにより初めて導入され，ロシアのVernadskyにより，現在広く認められている概念が確立された．生物圏は動物，植物，微生物など生物体それ自身およびそれらが生息する地球の表層部分と定義されるが，Hutchinsonによれば次のような条件を満たす部分である．
 ① 十分な量の水が存在すること
 ② 外部から十分な量のエネルギー（太陽エネルギー）が供給されること
 ③ 液相・固相・気相が接する界面が存在すること
 生物圏では生物体を構成する元素（生元素）が極めて速いスピードで循環し，物質代謝，エネルギー循環が絶え間なく行われ，物質循環のバランスが保たれている．生物圏の広がりは深さ数千mの深海底から，高さ数千mの高山帯に及ぶ．しかし，地球の半径約6400 kmに対し，生物圏の厚さはリンゴの薄皮に例えられる ごく わずかな部分に過ぎない．
 地球上に生命が出現したのは，約35〜36億年前のことであり，その後さまざまな環境変動に対応して生物が進化し，今日の生物圏が構成されてきた．生

物圏を構成する生物体の質量は気圏，水圏，岩石圏に比べると無視できるほどであるが，化学的活性が極めて大きい領域である．生物圏の質量が過去5億年にわたりほぼ一定であり，生物の平均寿命を1年とすると，この間に生物圏を通過した物質の全量は地球の全質量に匹敵するほどのものとなる．

地球の誕生から今日までを1日に例えると，人類の誕生は1日の終わる約40秒前，文明の発達により人間活動が活発になったのは1日の終わる0.04秒前の出来事に過ぎない．しかし最近，人間活動の増大により生物圏における物質循環のバランスが崩壊し，いわゆる地球規模の環境問題が生じている．

6.2 生物圏に存在する元素
6.2.1 生物体の元素組成

生物体は主として，C，O，H，Nから構成されているが，そのほかに主要栄養元素（P，Ca，Mg，K，S，Na，Cl．ただしNaは動物にとっては不可欠であるが，植物にとっては必須ではない），微量栄養元素（動物・植物ともに必要とされる元素はFe，Cu，Mn，Zn．植物のみに必要な元素はB，Mo，Si．動物のみに必要な元素はCo，Iである）などが含まれている．

生物体は多量の水を含んでいる．そのため生物体の分析値は乾燥体を基準として表されるのが普通である．生物体は部分によって元素組成が異なる．植物であれば，葉，枝，実，根などのどの部分を分析したかによって結果が異なる．このことは動物でも同様で，筋肉，骨，臓器の組成には大きな違いが見られる．また同じ部分であっても成長の過程で組成が変化する．特定の生物を指定しても，その平均組成を求めることは容易なことではない．

生物体は種によって組成が異なる．海洋生物は海水という同じ環境の中で生息しているが，プランクトンと魚類では明らかな組成の差が認められる．これは種ごとに外界からの元素の吸収に独特の選択性が働いている結果である．生物体中の特定成分の濃度から環境汚染をモニタリングすることができる．世界各地の海に同じ種が生息しているならば，各国の研究者がその種を分析することで国際的に海洋汚染を調査することができる．ムラサキイガイはその目的に

利用されている二枚貝の一種であって，重金属・有害有機物質などを濃縮していることが知られている．このような生物の特性に着目して環境中の微量成分の分布と挙動を調べることは今後広く採用されるであろう．

6.2.2 植物中の元素

光合成でつくられた有機物を除けば，植物体を構成する成分の多くは根から吸収されたものである．そのほかに表面には大気浮遊粒子が付着している．分析時にこれを完全に除去することは難しいので，葉，枝などの分析結果には付着物の寄与も含まれている．根の場合も同様で，試料にはいくらかの土壌が残っていると考えなければならない．

根から吸収される成分は土壌溶液中に溶け出した成分で，植物が吸収可能な状態のものである．このような状態を**可給態**（available）という．土壌に含まれる成分でも安定な鉱物中に閉じこめられたものは植物に吸収されることはない．植物は土壌溶液中の濃度に比例して元素を吸収するが，種によって元素に対する選択性が異なるために，種が異なれば元素組成も異なる．表6.1に植物標準物質から3例を選んでその元素組成を示した．種ごとに特徴的な元素組成をもつことが理解できるであろう．茶葉はAl, Mnを除けば重金属に乏しい．Al, Mnが多いことは茶が属するツバキ科の特徴である．これに対してリョウブは特異的に重金属を濃縮することが知られている．このように特定の元素を集積する植物のことを**集積植物**（accumulator）という．ススキはSiの集積植物である．

土壌溶液の組成は土壌の組成に対応すると見てよいから，植物体と土壌の間には元素組成の上で ある種の相関関係が期待される．ところが土壌中の濃度に対して植物中の濃度をプロットしてみると，その関係は単純な直線にはならず，図6.1に示すような変化を示す．曲線のAの部分は土壌中の濃度に比例して植物中の濃度が増加する領域である．植物中の濃度がある値に到達すると，土壌中の濃度が増大しても植物は取り込まなくなり，植物中の濃度が一定に保たれるBの領域に入る．土壌中の濃度がさらに増大すると，植物中の濃度は上昇し始めるが，その領域Cは植物にとっては生育に不適当な環境とな

表6.1 植物標準物質の元素組成．とくに示したもの以外，濃度は ppm である

元素	茶葉[a]	リョウブ[a]	ケール[b]
Na	15.5	106	2490
Mg	0.153%	0.408%	0.159%
Al	775	—	38
P	0.37%	0.11%	0.449%
K	1.86%	1.51%	2.47%
Ca	0.32%	1.38%	4.08%
Cr	0.15	1.3	0.33
Mn	700	2030	14.9
Fe	—	—	120
Co	0.12	23	0.585
Ni	6.5	8.7	0.95
Cu	7.0	12	4.9
Zn	33	340	32.7
Rb	—	75	52
Sr	3.7	36	96.5
Cd	0.030	6.7	0.85
Cs	0.022	1.2	0.074
Ba	5.7	165	4.55
Pb	0.80	5.5	2.54

[a] 国立環境研究所で調製した標準物質
[b] H. J. M Bowen : Environmental Chemistry of the Elements, Academic Press (1979) による

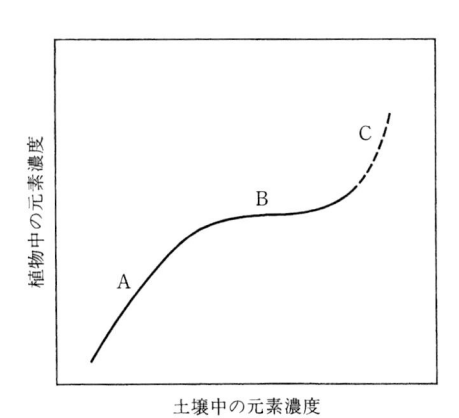

図6.1 土壌中の元素濃度の関数として表した植物中の元素濃度．A は元素が欠乏している領域，C は元素の過剰障害が起こる領域を示す

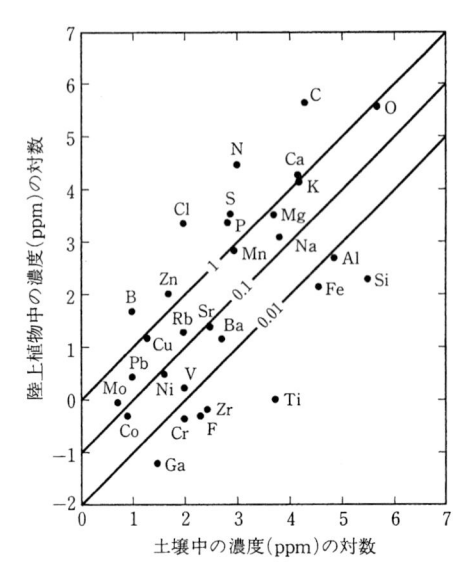

図 6.2 陸上植物と土壌中の元素濃度の関係．図中の直線は濃度比で 1, 0.1, 0.01 に対応する

り，植物は成長が停止し，ついには枯死してしまう．植物を採取して分析することで土壌汚染を調べる方法があるが，その手法が有効であるためには植物と土壌の関係が A 領域で表される範囲にあることが必要である．

陸上植物と土壌の平均元素組成の関係を図 6.2 に示した．植物には有機物を構成する元素が高濃度で含まれる反面，水に溶けにくい Al, Ti などは低濃度である．また土壌中で低濃度である元素でも植物にとって必須な元素は植物中に濃縮されていることが分かる．

6.2.3 動物中の元素

植物の元素組成が土壌溶液の元素組成に依存しているように，動物の元素組成も動物の餌となる植物，あるいは動物の元素組成との間に ある種の関連性が期待される．餌の多様性から動物の元素組成は種によって異なることはもちろん，同じ種であっても生息環境によって変動することが知られている．

動物の例としてムラサキイガイ（国立環境研究所が調製した環境標準物質）とヒトを選び，その元素組成を表 6.2 に示した．ムラサキイガイと海水の元素

6.2 生物圏に存在する元素

表 6.2 動物の元素組成. とくに示したもの以外, 濃度は ppm である

元素	ムラサキイガイ[a]	ヒト[b]
Na	1.00%	0.36%
Mg	0.21%	680
Al	220	2.2
P	0.77%	2.8%
K	0.54%	0.50%
Ca	0.13%	3.6%
Cr	0.63	—
Mn	16.3	0.42
Fe	158	150
Co	0.37	—
Ni	0.93	0.04
Cu	4.9	2.6
Zn	106	82
Sr	17	11
Cd	0.82	1.8
Pb	0.19	4.3

[a] 国立環境研究所で調製した標準物質
[b] B. Mason : Principles of Geochemistry, 3rd Ed., John Wiley & Sons (1966) のデータを乾燥体基準に換算

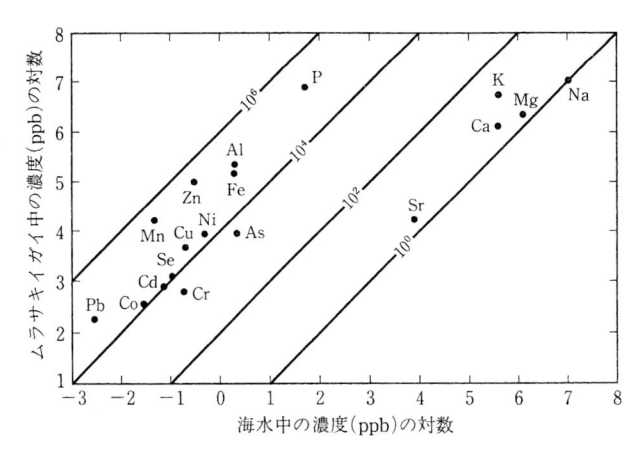

図 6.3 ムラサキイガイと海水中の元素濃度の関係. 図中の直線は濃度比で 10^0, 10^2, 10^4, 10^6 に対応する

組成の関係は図 6.3 の通りである. 海水中の微量成分がムラサキイガイ中に著しく濃縮していることが分かる. このことから, この貝は海洋汚染の**指標生物**

(indicator organism) として用いられている．指標生物とは環境汚染の程度を示す生物で，特定の汚染物質を濃縮する性質をもっている．

植物の中には特定の元素を濃縮する性質をもった種が存在することを述べたが，動物にも同様な現象が見られる．ホヤの血液中にはVが高濃度で含まれているが，これは特異的な元素濃縮の例である．

6.2.4 生物濃縮

生物は種によって能力に差があるものの特定の元素を濃縮することがある．濃縮する対象成分は元素に限らない．人工の有機化合物も濃縮されることがある．このことが問題となった発端は，R. Carsonが生体内に農薬が濃縮される危険性を指摘したことである．有害物質の有機塩素化合物は親油性，すなわち，脂肪に溶解する性質があり，しかも化学的に安定であるため代謝されにくい．体内に厚い脂肪組織をもつ動物で，これらの化合物の代謝能力が低い動物は体内の脂肪中にPCB，HCH，DDTなどを蓄積することになる．

生物が体内の組織中に汚染物質を蓄積する現象は**生物濃縮**（bioconcentration）とよばれている．有害物質を蓄積した生物を別の生物が食べることで蓄積が増幅される．**食物連鎖**（food chain）で高位の生物ほど蓄積量は増大し，大きなダメージを受けることになる．

生物濃縮の程度は生体中の濃度を生息環境中の濃度で割った値で表される．これを**生物濃縮係数**（bioconcentration factor）という．西部北太平洋の海水中のPCB濃度は0.28 ng/Lであるが，そこに生息するスジイルカからは3700 μg/kg（湿体重）のPCBが検出されている．この場合の生物濃縮係数は13×10^6にも達する．

われわれが不注意に環境中に廃棄した有害物質は，たとえ低濃度であっても，生物濃縮によっていつかは人間に大きな災いをもたらす可能性があることを銘記しなければならない．

6.3 物質循環

生物圏における主要な元素の循環を図6.4に示す．生物圏における基本的な

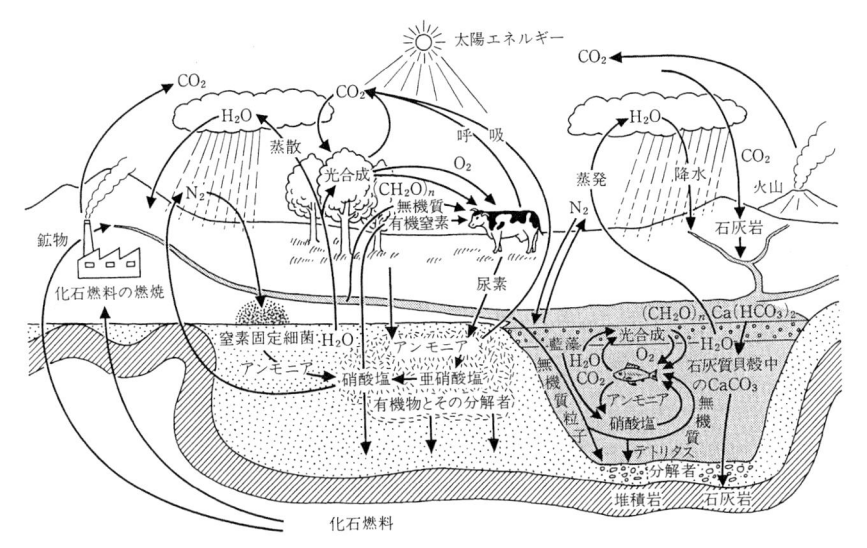

図6.4 生物圏における生体構成元素の循環（G.E. Hutchinson: *Sci. Amer.*, **223** (3), 45 (1970) より改図）

サイクルは太陽エネルギーの利用により，大気中の二酸化炭素が有機物に変換され，酸素分子が生成されるサイクルである．これに多くの元素が相互に関与し，複雑な循環系が成り立ち，そのバランスが保たれているのである．

6.3.1 炭素の循環

地球における炭素の主な貯蔵源（レザーバ）と貯蔵量を表6.3に示す．主要な貯蔵源は地殻（岩石）であり，量的にいえば岩石中の炭酸塩，堆積物中の有機炭素が重要である．石油・石炭中には濃縮された形で炭素が含まれている．しかし，これらの炭素の循環速度はいずれも非常に小さく，本来，循環にほとんど関与しないものである．

炭素は生物体の最も基本的な構成元素の1つであり，緑色植物により無機炭素から有機炭素に変えられ，また生物体が死ぬと微生物の作用により分解・無機化され，生物圏の中で活発に循環している．

生物圏における炭素の排出・吸収量を図6.5に示す．陸上植物の光合成により年間約1200億トン（120×10^{12} kg）の炭素が CO_2 として大気中から吸収さ

表6.3 地球における炭素の存在量 [a]

貯蔵源	存在量 (10^{12} kg)
気圏	
二酸化炭素 (360 ppm)	763
メタン (1.7 ppm)	4
一酸化炭素 (0.065 ppm)	0.1
その他の気体	0.05
気圏合計	767
水圏 (海洋)	
溶存態無機炭素	37400
溶存態有機炭素	1000
懸濁態有機炭素	30
生物	3
水圏合計	38500
陸上生物・土壌	
植物 (短寿命)	130
植物 (長寿命)	700
動物	1〜2
人間	0.03
バクテリア	2
菌類	1
生物枯死体	30
落葉	60
泥炭	160
土壌有機物 (泥炭を除く)	1500
陸上生物・土壌合計	2300〜2600
地殻	
堆積物・堆積岩	56×10^6
火成岩	9.6×10^6
石油・石炭	10×10^3

[a] B. Bolin and R. B. Cook eds : The Major Biogeochemical Cycles and Their Interactions, John Wiley & Sons (1983) による

れ，植物の呼吸，土壌有機物の分解により各々600億トンの炭素が二酸化炭素として大気中へ戻り，ほぼバランスが保たれている．しかし，化石燃料の燃焼や熱帯林などの森林伐採により，年間各々60億トン，9億トンの炭素が二酸化炭素として大気中へ放出されている．

一方，海洋では大気と海水間の物理・化学過程により，大気中に年間約900億トンの二酸化炭素が放出され，大気から海水中へ約920億トンが吸収されて

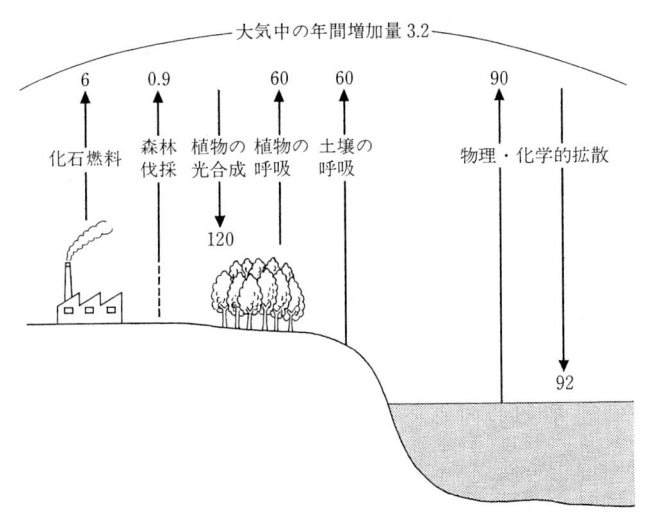

図6.5 生物圏における炭素の循環.図中の数字の単位は移動量が 10^{12} kg C/y,増加量が 10^{12} kg C である（W. H. Schlesinger : Biogeochemistry — An Analysis of Global Change —, Academic Press (1997) より改図）

いる.大気中の二酸化炭素濃度で表現すると，産業革命以前には約 280 ppm 程度であったが，それ以降徐々に増加し，ハワイ・マウナロア山頂の観測では 1960 年に約 320 ppm，1989 年に約 350 ppm，1996 年には 360 ppm に増加している（図 3.1 (a), (b) 参照）.化石燃料の燃焼により年間約 60 億トンの炭素が二酸化炭素として放出されているが，その 50 〜 60% が大気中に留まり，残りは海洋や陸上植物に吸収されると考えられている.しかし現在，エネルギーの大部分を化石燃料に依存しており，その上森林の伐採が進んでいることから，大気中の二酸化炭素濃度は今後さらに増加することが予想される.

　これらを総合すると，現在，大気中には年間約 32 億トンの炭素が二酸化炭素として増加していることが分かる.言い換えれば，化石燃料として循環にほとんど関与していなかった炭素や陸上植物として固定され循環速度の小さかった炭素が人間活動の影響により循環しやすい形態（二酸化炭素）へ変えられ，循環のバランスが崩されていることを意味している.

　今後，発生した二酸化炭素のゆくえの解明など科学的知見を深め，化石燃料

の使用量を極力削減するなどの対策を講じ，生物圏における炭素の循環のバランスを正常なものに戻して行くことが重要である．

6.3.2 窒素の循環

窒素は生物体の主要な構成元素であり，酸化数の異なる（＋Ｖから－Ⅲまで）化合物として存在し，微生物などの作用により形態を変化させ，植物による同化の基質となっている．最大の貯蔵源（レザーバ）は大気であり，その79％を窒素ガスが占める．しかし，窒素ガスは不活性の気体であり，ほとんどの生物はそれを直接利用することができず，ある種の生物によってのみ動物・植物に利用できるような化合物（固定窒素）に変えられる．これを窒素固定作用という．

生物圏における窒素の循環を図6.6に示す．窒素の循環の特徴的な経路は窒素固定と脱窒である．窒素固定は原核生物である細菌と藍藻類が行う．これには独自に窒素固定を行うものと共生の2つがあり，前者として*Azotobacter*や藍藻が代表的なものであり，後者にはマメ科植物と根粒菌などがある．窒素固定が活発に行われている場所として，山岳森林地帯，マメ科植物の耕地，外洋（藍藻 *Trichodesmium* の増殖する熱帯海域）などがある．

一方，1914年にドイツのHaberとBoschにより開発された窒素の工業的固定技術により大量の窒素が固定され，化学肥料として利用されるようになった．このような工業的な窒素固定量は年間8000万トンに達し，自然界での窒素固定量の約57％に達している．さらにその量は2000年には1億トンを超えると考えられている．

脱窒作用は硝酸呼吸ともいわれ，系内に酸素がなくなると硝酸が酸素の代わりに電子受容体として利用される反応である．脱窒の反応生成物は通常，窒素ガス N_2 であるが，二酸化窒素 NO_2，一酸化二窒素 N_2O である経路も存在する．脱窒過程が活発に起こっている場所は無酸素状態がつくられる土壌，水田，貧酸素水域，還元的な堆積物などである．

大規模な化学肥料の生産と窒素固定を行うマメ科植物の大量栽培が行われる以前には，自然の固定作用により大気中から取り込まれる窒素の量と脱窒によ

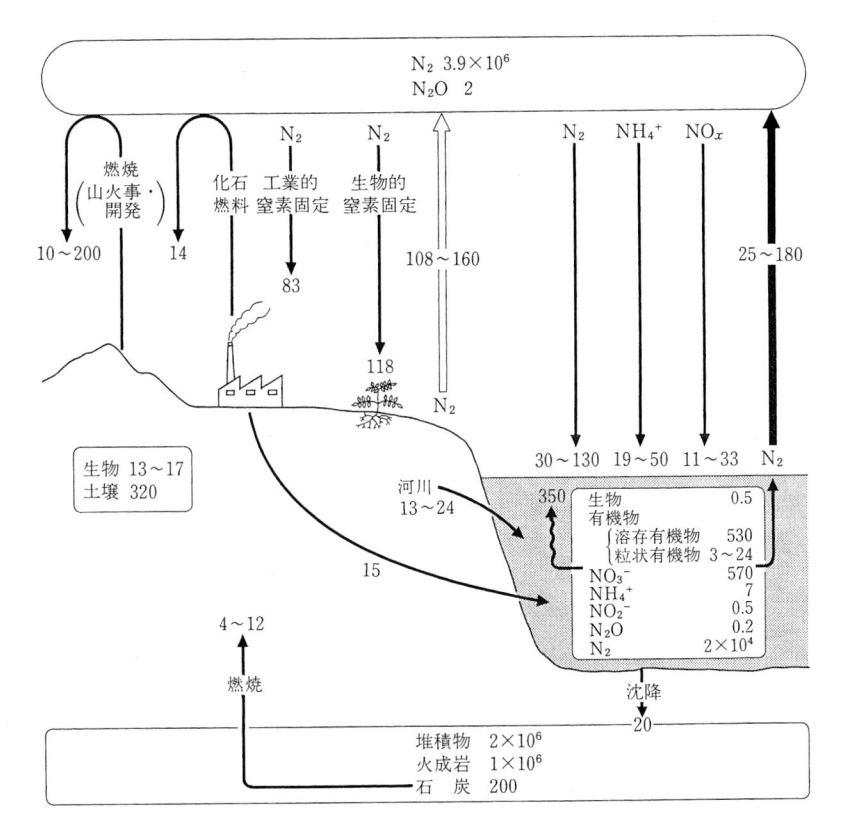

図 6.6 生物圏における窒素の循環．図中の数字の単位は存在量が 10^{12} kg N，移動量が 10^9 kg N/y である（半谷高久編：地球化学入門，丸善 (1988) による）

り大気中に戻される窒素の量はほぼ平衡になっていたと考えられる．しかし，現在では人間活動の増大に伴い，窒素固定量が脱窒量を上回り，過剰な固定窒素が生物圏に蓄積されている．それが河川，湖沼，地下水に流入する結果，水圏を富栄養化させ，物質循環のバランスを崩壊させている．

また，化石燃料の燃焼や山火事・焼畑による燃焼など人間活動の影響により窒素酸化物が大気中へ放出され，その濃度も増加している．今後，過剰な固定窒素の生産を抑え，固定と脱窒の作用のバランスがとれるように対策を講ずることが必要である．

6.3.3 リンの循環

　リンは核酸や ADP，ATP の構成成分として，遺伝情報やエネルギー代謝に重要な役割を果たしている．またリン脂質として細胞膜，アパタイトとして骨や歯などに含まれている．リンには炭素，窒素，硫黄と異なり，気体として存在する化合物がない．リンは浮遊粒子に含まれて大気中へ運ばれるが，滞留時間が短いので，大気中の存在量は極めて小さい．リンの主要な貯蔵源（レザーバ）は岩石や堆積物である．陸上の岩石・堆積物は徐々に風化されてリン酸塩を放出するが，その多くは溶脱され，河川などを通し最終的には海へ運ばれ，そこで海洋堆積物中へと沈降する．また，採掘されるリン鉱石は年間約1億トン（リンとして約1500万トン）であり，大部分は化学肥料として使用されるが，そのかなりの部分は溶脱される．このようにリンは再循環せず，一方的に陸域から海域へ輸送される元素であるといえよう．

　自然界ではリンは生物が必要とする量に比べ不足しがちであるため，窒素とともに生物生産の制限因子となることが多い．しかし，農業生産を高めるため過剰に使用されている肥料からの溶脱や生活排水・家畜排水の増加により水域中にリンが蓄積され，内湾や湖沼など閉鎖性水域で赤潮やアオコの発生がしばしば認められている．

　多くのリンは鉱石として循環しにくい形で岩石圏に存在していたが，化学肥料として生物に利用されやすい形に変えられた．このことも人間活動により物質循環のバランスが崩壊した例であり，リン資源の枯渇につながる大量の肥料の使用を適正なものに改めて行く必要があろう．

6.3.4 硫黄の循環

　硫黄はアミノ酸（システイン，シスチン，メチオニン）の形でタンパク質の中に存在している．また，水圏や土壌中では，主として硫酸イオン，硫化水素として，大気中では二酸化硫黄，硫化水素など気体として存在している．生体中の硫黄は死後，微生物により分解され，硫化水素として，また還元的な沿岸域では海水中の硫酸イオンが還元され，硫化水素として放出される．これらは大気中で最終的に硫酸イオンに酸化される．海水中の硫酸イオンは海塩粒子と

して大気に供給される．

化石燃料の燃焼・金属製錬により年間約1億1300万トンの硫黄が放出されている．硫黄酸化物は窒素酸化物とともに酸性雨の原因物質であり，先進国では国際条約によりこれらの排出量を削減する対策が講じられ，減少傾向にある．しかし，発展途上国など一部の国ではエネルギー源として硫黄含有量の多い石炭が用いられており，硫黄酸化物の排出量は今後も増加することが予想されている．

大気中の硫黄化合物の滞留時間は短いので，二酸化炭素のような大気中での蓄積はなく，ほとんどが湿性・乾性降下物として地表に戻される．化石燃料の燃焼に伴い放出される二酸化硫黄は生物圏における硫黄の循環速度を加速し，酸性雨として降下し，陸域生態系へ重大な影響を与えており，その発生源対策が重要な課題である．

6.3.5 水の循環

水は生体を構成する主成分である．人体の60～70%は水である．人間が生きて行くためにはたえず水を補給することが必要である．これはなにも人間だけに限ったことではない．すべての生物にとって水は生きるために不可欠な物質である．生物は大量の水を体内に取り込み，それと同じ量を体外に放出する．生物圏を通過する水の量は膨大であり，水の循環における1つのバイパスを形成している．また水には生命が存在し得る環境をつくり出す働きもある．環境中の水の流れに異常が発生することは，生物にとって危機的状況を意味する．

水は他の物質には見られない特異的な性質をもっている（その詳細については4.1，4.2節を参照せよ）．その性質によって生物圏が温和な気候に保たれ，生物の生存が可能になっているのである．水の循環の概要を図6.7に示す．地球規模での主な水の循環は降水，蒸発，水蒸気の輸送という3通りの経路である．大気中の水蒸気量が一定と考えると，年間の降水量と蒸発量は等しくなるはずである．陸域だけに限定して見ると降水量は大きく，蒸発量はそれよりも小さい．その差は年間約40×10^3 km^{3}にも達する．この水が陸から河川・地

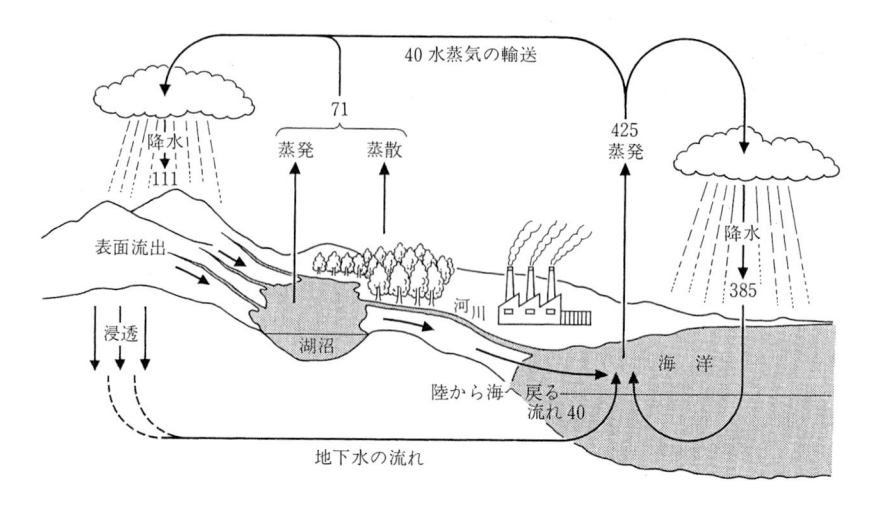

図 6.7 地球上の水の循環．図中の数字の単位は 10^3 km³/y．これは 10^{15} kg/y に等しい（J. W. モーリッツ・ラ・リビエール：サイエンス，1989 年 11 月号，52，日経サイエンス（1989）による）

下水脈を通して海へ運ばれることになる．これと同量の水が水蒸気として海域から陸域へ運ばれることで陸域，海域とも水の量が一定に保たれている．

近年の地球温暖化が原因とされる異常気象，熱帯林の大規模伐採などの影響により水の循環のバランスが崩れている．毎年，世界各地で洪水や干ばつが繰り返し起こり，水没する地域が出現する一方で，乾燥化・砂漠化する地域も増加している．このような災害が発生する直接の原因は人間活動である．その影響は多岐にわたるが，ここでは森林伐採と都市化が引き起こす問題について述べる．

(1) 森林伐採

森林はそこから流れ出る河川の水量を安定に保つとともに，水質を良好に保つ機能をもっている．これが生物にとって快適な環境をつくり出している．森林を伐採すると，硝酸イオンやカルシウムイオンなどの溶出が増加することが知られている．また，スギ・ヒノキ植林面積比が増大すると渓流水中の硝酸イオン濃度は増加するが，樹齢が高くなるにつれて硝酸イオンの流出が少なくなる．

このように健全な森林，とくに広葉樹林を保全し，育てることが，流域の水循環のバランスを保ち，水質を一定に維持することにつながる．同時に森林から流出する水は伐採地から流出する水に比べて水温の日変化が少ないことが知られている．森林は生物にとって棲みやすい環境をつくり出すことに大きく貢献している．

また，水は源流の森から海へとつながっている．森林が伐採されると，山地から流出した土砂が沿岸域に堆積し，魚介類の生産量が減少することが認められている．沖縄では開発に伴い，赤土が流出し，沿岸域のサンゴや魚介類に大きな影響を与えている．しかし，伐採された森に植林を行うと，緑化面積が増えるにつれて，魚類の回遊が増加し，魚介類の生産回復が認められている．北海道や東北地方では"森は海の恋人"というキャッチフレーズを掲げ，漁民が森林の保全に努力をしている．河川流域で森林を保全することこそ生物圏の保護につながるのである．

(2) 都市化

都市化に伴い宅地，道路など不透水性面積が広がり，雨水が地下に浸透しにくくなっている．都市では降水の大部分は地下浸透せず，下水道に流入するか，表面流出して側溝を通って河川に流入する．その結果，地下水位は低下し，湧水量は減少する．多くの都市中小河川で基底流量の減少が目立っている．これは水生生物の生息環境の破壊である．自然地域では降水のごく一部のみが表面流出し，残りの大部分は蒸発散するか，あるいは地下へ浸透する．都市と自然地域の水循環の概念を図 6.8 に示す．水質保全を無視した都市化は生物の絶滅に至る道である．

一雨ごとの流出率（一定期間の総降水量に対する総流出量の割合）である流出係数（表 6.4）を見ると，アスファルト，コンクリートで覆われた都市中心地域では，その値は $0.7 \sim 0.9$ と大きい．強い雨が集中して降ると，雨水が河川に急激に流入し，都市中小河川の氾濫を引き起こしている．激しい水の流れが有機物に富む還元性の底質を巻き上げ，それによって河川水が一時的に酸欠状態となり，多くの魚が死滅することもある．

(a) 自然地域　　　　　　　　(b) 都市

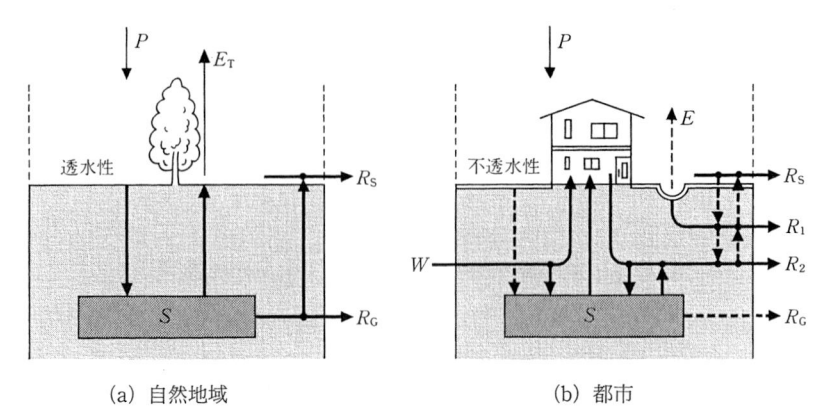

図 6.8　自然地域と都市における水の循環．P：降水，R_S：表面流出，E_T：蒸発散，E：蒸発，S：地下水，R_G：地下水流出，R_1：雨水の排水溝，R_2：下水道，W：用水の導入（新井正ほか：都市の水文環境，共立出版（1987）による）

表 6.4　都市の流出係数 [a]

地域の総合値		地表物質による差	
中心業務地域	0.70〜0.95	アスファルト，コンクリート	0.70〜0.95
市内個人住宅地	0.30〜0.50	れんが	0.70〜0.85
市内集合住宅地	0.40〜0.75	屋根	0.75〜0.95
郊外住宅地	0.25〜0.40	砂地の芝生	0.05〜0.20
工場地帯	0.50〜0.90	粘土地の芝生	0.13〜0.35
公園，墓地	0.10〜0.25		
運動場	0.25〜0.35		
緑地	0.10〜0.30		

[a] 新井正ほか：都市の水文環境，共立出版（1987）による

　地下水位を上昇させ，湧水量を増加させる基本的な方法は浸透性の大きな緑地を保全し，雨水の地下浸透を促進させることである．都市では緑地が減少しているので，地域的に雨水浸透設備を建設するほか，個別住宅には 雨水浸透ます を設置し，積極的に雨水を地下浸透させることが重要である．

　雨水のコントロールは河川だけではなく，緑地保全を含めて その流域全体で考えなければならない．その場合，汚染物質を浸透させないような注意と対策が必要である．地下水はいったん汚染されると水質の回復には長時間を必要とする．汚染された水の流出が長期間にわたって持続するならば，それが生物圏に与える打撃は極めて大きいものがある．

演 習 問 題

[1] 環境中の物質循環における生物の役割について述べよ．
[2] ムラサキイガイが海洋汚染の指標生物として利用されている理由を考えよ．
[3] 植物を採取し，その中の特定成分を分析することで ある地域の土壌汚染を調べることを計画した．植物の採取に当たって注意すべき点をあげよ．
[4] 陸上植物を炭素の貯蔵源（レザーバ）と考え，その中の炭素の平均滞留時間を求めよ．
[5] 人間が大量の化学肥料を生産し，使用することが窒素の循環にどのような影響を与えているかを述べよ．なお，1996年における世界の窒素質肥料の消費量は N として 8291 万トンであった．
[6] 化学肥料として用いられたリンの全量が河川水中に溶け出したとすれば，それによる河川水中のリン濃度（mg/L）の増加はいくらになるか．ただし，1996年におけるリン酸質肥料の消費量は P_2O_5 として 3111 万トンであった．
[7] 都市化は水の循環にどのような影響を及ぼしたか．

第7章 地球温暖化

　地球温暖化（global warming）というのは下層大気と地表の平均温度が次第に上昇して行く現象のことである．たとえわずかであっても平均温度の変化は気候に大きな影響を及ぼす．温暖化によって極地，氷河の氷は融けて海水面が上昇し，海洋中の島や大陸の沿岸部は水没する．これだけでも人類は大きな被害を受けるのに，さらに気候変動が砂漠化を促進し，海流パターンを変化させることで農業・漁業に大きな影響を及ぼす．温暖化の原因物質の1つとされる二酸化炭素の放出規制など，できる限りの温暖化防止策を講じなければ人類は存亡の危機に立たされることになる．

7.1 地球の表面温度

　現在の地球は平均気温が15℃という，生物の生存にとって最適の環境を維持している．軌道が地球よりも内側にある金星は表面温度470℃という灼熱の世界であり，外側にある火星は表面温度が地球よりも20℃も低い寒冷の世界である．地球が快適な環境を維持している仕組みについて考えてみよう．

　地球は太陽光を照射されている．これは地球が太陽から光の形でエネルギーの供給を受けていることを意味する．光のエネルギーは大気，地表物質によって吸収され，熱に変わる．この熱がどこにも逃げなければ，地表の温度は上昇し，ついには金星同様の灼熱の星となる．そのようにならなかったのは地球が太陽からの放射エネルギーを赤外線の形で宇宙空間に放出しているからである．

　温度が一定ということは下層大気と地表物質がもつ熱エネルギーの総量が一定に保たれていることを意味する．もちろん，エネルギーの総量が一定というだけで温和な気候が約束されるわけではない．気温の急激な変動を抑制し，気

候を温和にしているのは地球表面に存在する大量の水である．

　地球表面に熱を供給しているのは太陽だけであろうか．よく知られているように，地球内部は高温である．地球の中心核（コア）の温度は 4000°C 以上と推定されている．このため地球の内部から地表へ向かって熱が流れている．地球全表面の平均熱流量は 69 mW/m² と見積もられている．これに対して太陽から地球に到達する電磁波の全エネルギー（太陽全放射量）は 1366〜1370 W/m² であって，これと比較すれば地球内部からの熱流量は完全に無視することができる．

　太陽光で温められた地表物質の絶対温度を T とするとき，地表物質は T^4 に比例した放射エネルギーを外界に放出している．放出する放射エネルギーの量は温度とともに増大するので，ある温度で太陽からの放射エネルギー供給量と地球からの放出量が等しくなる．こうして下層大気と地表物質がもつ熱エネルギーの総量は一定に保たれる．すなわち，放射エネルギーの収支に定常状態が成立する．これが平均温度がほぼ一定に保たれている理由である．

　太陽全放射量は人工衛星を用いて地球大気外で測定された値である．その値は一定ではなく，周期的な変動を示すがその幅は 10 年間で 0.1% 程度である．太陽からの放射エネルギーがそのまま地表まで到達するわけではない．すでに成層圏と対流圏の境界では 342 W/m² にまで減少している．このうち 77 W/m² は大気中の分子，浮遊粒子，雲によって，また 30 W/m² は地表物質によって反射され，宇宙空間に戻って行く．残りの 235 W/m² のうち，大気が 67 W/m²，地表物質が 168 W/m² 吸収する．地表まで到達する太陽光はほとんどが可視光線である．

　温められた地表物質が赤外線の形で放射するエネルギーは 390 W/m² である．大気を素通りして宇宙空間に放出される分は 40 W/m² に過ぎない．水の蒸発散，局所的な熱源からの熱の放出も地表物質から熱を奪う過程である．この過程によって地表から失われた 102 W/m² のエネルギーが大気に供給される．大気が吸収したエネルギーは太陽の放射エネルギーを直接吸収した 67 W/m² と地表から供給された 452 W/m² を合計した 519 W/m² である．大気

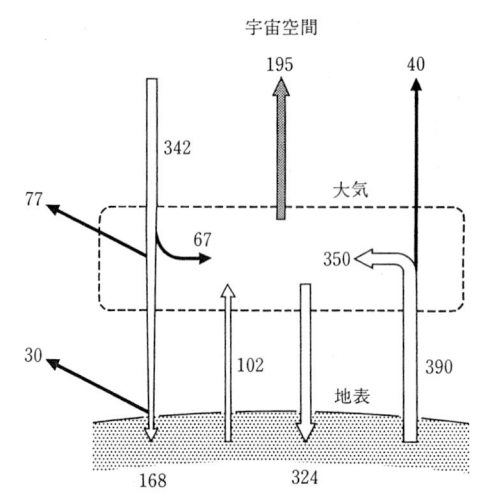

図7.1 大気と地表における放射エネルギーの収支．図中の数字の単位はW/m²である．大気，地表それぞれについてエネルギーの吸収量と放出量が等しくなるように計算されている

から宇宙空間に放出されるエネルギーは 195 W/m²，地表へ逆放射される分は 324 W/m² である．以上の数値を図にまとめたものが図 7.1 である．

　実際に世界の気温が上昇しているのであろうか．特定の地点の年平均気温でさえ，年によって大きく変動しているので，その変動の中から温暖化の傾向を読み取ることは難しい．近年の東京の年平均気温は 15〜17℃ の間を変動している．地球温暖化に伴う気温上昇は極めてわずかで，1860 年から 2000 年までの 140 年間で 0.4〜0.8℃ と見積もられている．ただし，この期間で気温が一様に上昇したわけではなく，現在に近づくほど上昇が顕著になっている．これは地球温暖化に対する人間活動の寄与が無視できないことを示唆している．現在の状況が改善されなければ，2100 年には気温は現在より 1.5〜5.8℃ も上昇すると予測されている（図 7.2）．これは自然の気温変動の範囲を明らかに超えている．

　2001 年 4 月，気象庁は大気中の二酸化炭素濃度が 70 年後には現在の濃度の 2 倍になると仮定して，70 年後の日本付近の温暖化予測を発表した．それによると 1 月の月平均気温は 2℃ も上昇し，これによって西日本の平野部で冬日

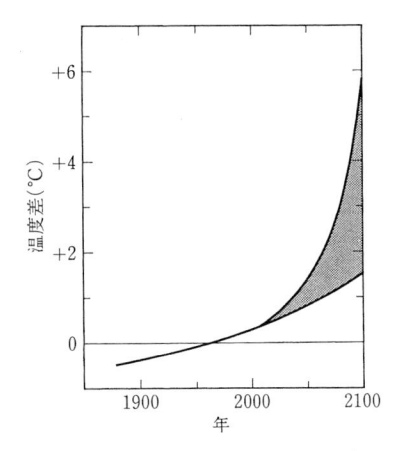

図 7.2 平均全地表気温の推移と予測．基準となる温度は 1951 ～ 1980 年の平均全地表気温の平均値である．グレーの部分が予測の範囲を示す

(1 日の最低気温が 0°C 以下) はほとんどなくなるという．

7.2 気温の変動に関与する因子

　前節で地球表面に対するエネルギーの供給量とそこからの放出量がバランスしていることを示したが，これはあくまでも平均値に基づく計算であり，しかも地球温暖化が問題になる以前のことである．

　大気による光の吸収と放出には多くの因子が関与している．太陽からの光の反射率（アルベド）が増大すると，地表物質に供給される放射エネルギーは減少し，地表の温度を低下させる結果となる．また地表物質から放出される赤外線を効果的に吸収する物質が大気中に存在すれば，宇宙空間へ放出される放射エネルギーの量は減少する．これは地球が厚着をした状態であって，地表の温度は上昇することになる．赤外線を吸収する物質として問題にされている物質の代表が二酸化炭素，しかも人間活動によって放出された二酸化炭素である．

　大気中の浮遊粒子の量が反射率に関係する．噴火によって吹き上げられた大量の火山灰と火山ガスが冷害の原因とされている例がある．わが国では天明の飢饉 (1782 ～ 1787) がよく知られているが，これは 1783 年の浅間山の大噴火で放出された火山灰，噴煙が北関東から東北一帯の上空を覆い，これが日照不

足と気温低下を招いたためである．海外の例では，インドネシアのクラカタウ島火山の大噴火（1883），西インド諸島のモンプレー火山，スフリエール火山の大噴火（1902）がわが国に凶作をもたらした．このように大噴火は世界規模で気候に影響を与えているのである．

巨大隕石の落下はさらに大量の粒子状物質を舞い上げる．現在から6500万年前の白亜紀の終わりに恐竜を含む多くの生物が絶滅したが，これが隕石の落下によって引き起こされたという仮説がある．大気中に浮遊していた粒子が太陽光を遮り，地表の気温が2℃も低下したことで多くの生物が絶滅したのである．この影響が完全に消えるまで1000万年も要したといわれている．

大気中の雲，浮遊粒子ばかりでなく，地表の状態も太陽光の反射率を変化させる．反射率を比較してみると，氷雪で覆われている地域が40〜90％，砂漠が25〜30％，森林は5〜10％である．氷河の後退，森林伐採，砂漠化の進行は反射率の変化につながり，地球温暖化にいくらかの影響を与える．現在，北極は氷に覆われているためにアルベドが大きい．氷が融けて水面と陸地が露出すると太陽放射が吸収されやすくなるため，この地域の温暖化は一段と加速されることになる．

北極圏の海氷は1960年ころから面積，厚さの減少が起こり，これに伴って北極圏の氷河も後退しつつある．影響は陸地を覆う永久凍土にも及び，その上に生育している森林に被害が出ている．この直接原因はメキシコ暖流が北極海の奥深くまで侵入したことである．この海流の変化が人間活動による地球温暖化の産物であるかどうかははっきりしていない．この例は地球温暖化関連現象のすべてが人間活動の結果と断定することの難しさを示唆している．

地表から放出された熱エネルギーの90％が大気によって吸収され，そのうちの70％が再び地表へ向けて放射される．大気が熱エネルギーを吸収する割合が増大すれば，地表へ逆放射される熱エネルギーも増加する．これは地球温暖化を加速することに他ならない．大気にはさまざまな分子が含まれている．主成分である窒素，酸素は赤外線を吸収しないので地球温暖化には無関係な成分である．赤外線を効率よく吸収するのはむしろ微量成分の方である．このよ

うな性質をもつ微量成分のうちで，人間活動によって大気中の濃度が増大しつつある成分，たとえば，二酸化炭素，メタンなどが地球温暖化を引き起こす原因物質と考えられている．

7.3 温室効果ガス

大気中に赤外線を吸収する物質が存在すると，それが存在しないときと比べて気温が高くなる現象を**温室効果**（greenhouse effect）という．この効果をもった気体が**温室効果ガス**（greenhouse effect gas）である．地球大気が温室効果ガスを全く含まなかったとすれば，地表の平均気温は $-19°C$ まで低下すると推定されている．

図 7.3 に地表と大気からの熱放射を示す．温室効果ガスの代表は水蒸気と二酸化炭素である．水蒸気は地表からの赤外放射の中で $2.5 \sim 3.5 \mu m$，$5 \sim 7 \mu m$ という波長範囲で吸収を示す．大気中の水蒸気濃度は $0.5 \sim 3.5\%$ と大きく変動するが，その平均値に基づいて見積もった赤外線の吸収量は 110 W/m^2 にも達する．しかし大気中の水蒸気の量が人間活動で増加したという証拠はな

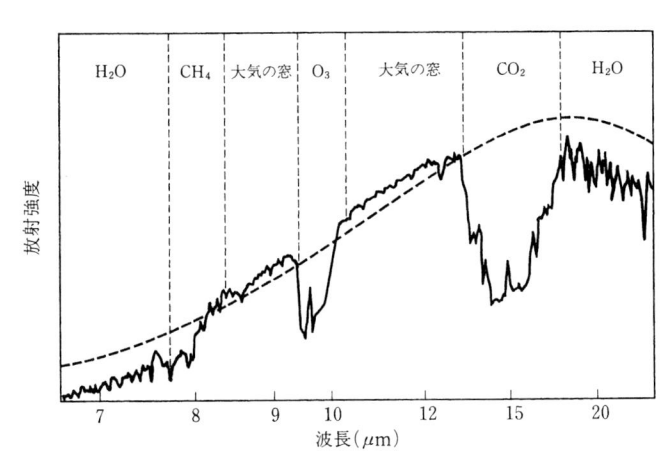

図 7.3 地表と大気からの赤外領域の熱放射．地中海上の人工衛星からの観測結果に基づく．破線で示した曲線は 7°C の黒体放射を表す．大気による吸収がない波長領域を大気の窓といい，この領域に対応する温度が地表温度である

く，地球温暖化に対する水蒸気の寄与は事実上無視することができる．

二酸化炭素は 4.0 ～ 4.5 μm と 14 ～ 19 μm に吸収をもっている．この波長域は水蒸気の吸収帯とは重複していない．もし二酸化炭素が水蒸気と同じ波長の赤外線を吸収したとすれば，二酸化炭素による温室効果は水蒸気の陰に隠れた目立たない存在になってしまい，今日のような地球温暖化の立役者にはなり得なかったであろう．

温室効果を示す気体化合物は次々と発見されている．その中にはクロロフルオロカーボンのように人間がつくり出したものも少なくない．この種の化合物は濃度こそ低いが，地球温暖化に与える影響は非常に大きい．これらの気体が地球温暖化に及ぼす影響力を測る尺度が**放射強制力**（radiative forcing）と**地球温暖化指数**（global warming potential, GWP）である．

放射強制力というのは，対流圏の上端における放射束の変化と定義されているが，これは温室効果ガスの濃度変化によって起こるものである．放射強制力は温室効果ガス 1 ppm が吸収する放射束（単位 W/m²）で表される．大気中の滞留時間が非常に長く，濃度が長期間にわたって一定に保たれるような気体であれば，その気体が地球温暖化に与える影響は放射強制力と時間との積で評価することができる．

これに対して大気中の滞留時間が短い気体の場合は，その気体が大気中に放出されてからの時間経過によって濃度は減少するので，ある期間にわたってその影響力を評価するためには，時間的な濃度低下に対する補正をしなければならない．そのためには正確な平均滞留時間のデータが必要になるが，二酸化炭素でさえ平均滞留時間の推定値には 50 ～ 200 年という大きな幅がある．平均滞留時間を考慮に入れて一定期間（たとえば，100 年）にわたる温暖化の効果を積算したものが地球温暖化指数である．放射強制力も地球温暖化指数も二酸化炭素を基準にとり，それに対する比で表すことが多い．

代表的な温室効果ガスの放射強制力と地球温暖化指数を表 7.1 に示した．これらのデータは過去の温度変化の説明ばかりでなく，将来の温暖化の予測にも利用されている．温室効果ガスの寄与だけを仮定して過去の温度変化を解析し

表7.1 温室効果ガスの地球温暖化への寄与

気体	濃度（測定年）	滞留時間 (y)	放射強制力 [a] (W/m^2/ppm)	GWP [a] (100 y 積算値)
CO_2	363 ppmv（1997）	50〜200	1	1
CH_4	1.74 ppmv（1997）	12	43	21
N_2O	312 ppbv（1996）	120	250	310
CFC-11	270 pptv（1996）	60	15000	3400
CFC-12	550 pptv（1996）	195	19000	7100
SF_6	4 pptv	>1000		22000

[a] 放射強制力，GWP とも CO_2 を基準にとった相対値で表してある

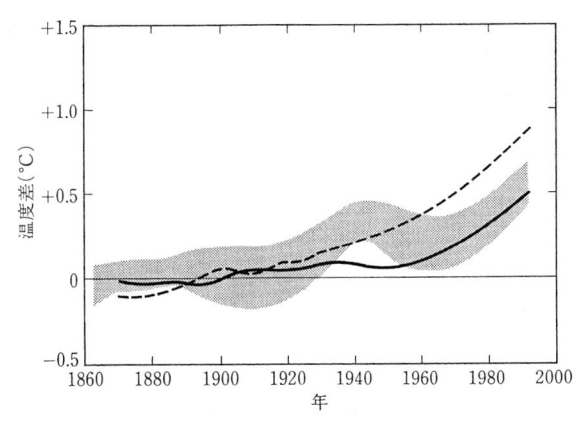

図7.4 実測された平均全地表気温の範囲とシミュレーションで得られた温度変化．破線は温室効果ガスだけ，実線は温室効果ガスに加えて硫酸エアロゾルの寄与を考慮したシミュレーション結果

てみると，計算値は実測値を上回ることが分かった．この不一致は負の温室効果を示す硫酸エアロゾルの存在を考慮することでほぼ解消された（図7.4）．このエアロゾルは自然過程でも発生するが，現在では化石燃料の燃焼という人間活動が大きな発生源となっている．

7.4 地球温暖化がもたらす被害

7.4.1 地球規模の災害

地球温暖化は世界の至る所に影響を及ぼすが，地域によって影響の受け方が

異なる．多くの地域ではプラス面よりもマイナス面の方が大きいが，寒冷な地域にとっては有利に働くこともある．気温上昇によって北ヨーロッパなどでは農作物収穫量の増大が見込まれている．これはわが国の寒冷地にも当てはまる．

予想される被害としては，海面上昇，異常気象とそれによる災害，食糧生産量の減少，生態系への影響，健康への影響などがある．これらの被害は独立に発生するものではなく，相互に密接な関連をもっている．たとえば，海面上昇が干潟の消滅を招き，それが干潟の生態系に致命的な打撃を与えるといったつながりをもっている．

このように地球温暖化が引き起こす被害は多岐にわたっている．このまま温暖化が進行すれば被害額は年を追って増大し，国連環境計画によると2050年には年間被害額が3000億ドルに達するという．

7.4.2 海面上昇

気温が上昇すれば，極地，高山の氷が融け，その水が海洋に流入することで海水の全量が増加する．また海水温も高くなることで海水の体積が膨張する．これらの作用で海水面の上昇が起こり，沿岸域は水没し，多くの干潟が失われる．このことは干潟の生物に大きな影響を与える．また氷が融けた水で海水が希釈される結果，海水の密度が減少する．これが海洋における水の循環に影響し，気候変動や漁獲高の減少を引き起こす可能性がある．

世界の大都市の多くが海岸にあるために，水没による被害は大きい．海面からの高さが数mしかない海洋中の島嶼ではかなりの部分が水面下となり，残った部分も高潮の被害を受けやすくなる．海岸付近では海水が地下水中に侵入し，地下水の塩水化が起こる．

わが国では満潮時の水位よりも低い土地の面積は 861 km^2，その土地の人口は200万人である（1990年代）．海面が50 cm上昇すると，その面積は1412 km^2，人口は286万人に上ると計算されている．海外ではバングラデシュ，ベトナム，インドネシア，マレーシアで広い地域の水没が予見されている．

7.4.3 異常気象

異常気象（unusual weather）というのは過去の平均的な気象から著しくずれた，稀にしか出現しない気象のことである．気温上昇が大気を不安定化し，異常気象を引き起こすと考えられている．異常気象の例には集中豪雨，竜巻・台風などの強風，異常な気温・湿度・降水量などがある．わが国の気象災害の筆頭は台風であり，それに大雨，冷害，強風が続いている．

異常気象と**気候変動**（climatic change）を混同してはならない．気候変動はある地域の気候（一般的な気象状態）が10年以上の周期で変化することであり，異常気象が突発的変化であるのに対し，気候変動は緩やかな変化である．

最近，世界各地で異常気象の発生が顕著になっている．ヨーロッパではこれまで洪水が稀であったような地域で洪水が繰り返し起こっている．モンゴルでは異常な寒冷化で多数の家畜が失われた．このような異常気象が本格的な地球温暖化の前兆であるという見方もある．

7.4.4 生態系に見られる変化

生物にはそれぞれの生存に適した環境がある．熱帯性の生物は高温の地域を好むし，反対に寒冷な地域を生活の場としている生物もある．地球温暖化は現在の地域が赤道に向かって移動することを意味している．これに伴って，わが国では熱帯固有の害虫が侵入してくることになり，これまで見られなかった害虫に作物が荒らされたり，人間がマラリアなどの感染症にかかる危険性が増大する．この種の害虫の駆除や病気の予防・治療に多額の出費が必要となる．

移動する能力をもった生物であれば，生存に適さなくなった環境を捨てて条件のよい場所に移り棲むことができる．しかし，寒冷地にしか生息できない生物，移動できる距離が短い動物，固着性の植物に残された運命は絶滅だけである．こうして多くの生物種が失われることになる．

7.4.5 乾燥化

地球温暖化は天候のパターンを変化させ，中緯度地域では乾燥化が顕著となると考えられている．穀倉地帯の多くは中緯度地域に存在するので，乾燥化は

農業生産に打撃を与え，食糧不足を深刻なものにする．空気が乾燥するために南ヨーロッパでは水不足に加えて山火事発生の頻度が高くなる．これは観光産業を主な収入源としている国や地方にとっては大きな損失である．

　現在でも世界各地で氷河の後退が報告されている．降水量が減少すれば，氷河の後退はますます激しくなるであろう．後退が現在の速度のまま続いたとしても，アフリカのケニヤ山の氷河は21世紀半ばには消滅するといわれている．氷河がなくなることは，その融解によって供給されている水がなくなることであり，氷河を生活用水，農業用水の水源としている地域にとっては，まさに死活問題である．

7.5 地球温暖化の防止対策

　地球温暖化の進行をできるだけ遅らせるためには，その原因物質である二酸化炭素の発生を抑制することである．これは化石燃料の消費を節減することであり，それに代わるエネルギー源を開発することでもある．現在，注目されているのは太陽エネルギーに代表される自然エネルギーである．

　それと同時に二酸化炭素ばかりでなく，それ以外の温室効果ガスの動向にも警戒が必要である．とくに大きな地球温暖化指数をもった人工化合物の出現が要注意である．京都で1997年に開催された気候変動枠組条約第3回締約国会議で採択された議定書で排出削減の対象とされた温室効果ガスは二酸化炭素，メタン，一酸化二窒素，ハイドロフルオロカーボン（HFC），ペルフルオロカーボン（PFC），六フッ化硫黄の6種類であった．

　世界主要国の二酸化炭素年間排出量を図7.5に示す．アメリカ合衆国の排出量は世界排出量の1/4を占めている．

　削減の割当量は国によって異なっている．二酸化炭素，メタン，一酸化二窒素については1990年の排出量，その他の気体については1995年の排出量を基準とし，その6〜8%とされている．わが国に対する割当量は6%である．各国は自国に課せられた削減を2008〜2012年までに達成しなければならないが，さまざまな背景があって各国の足並みは必ずしも揃っていない．

7.5 地球温暖化の防止対策

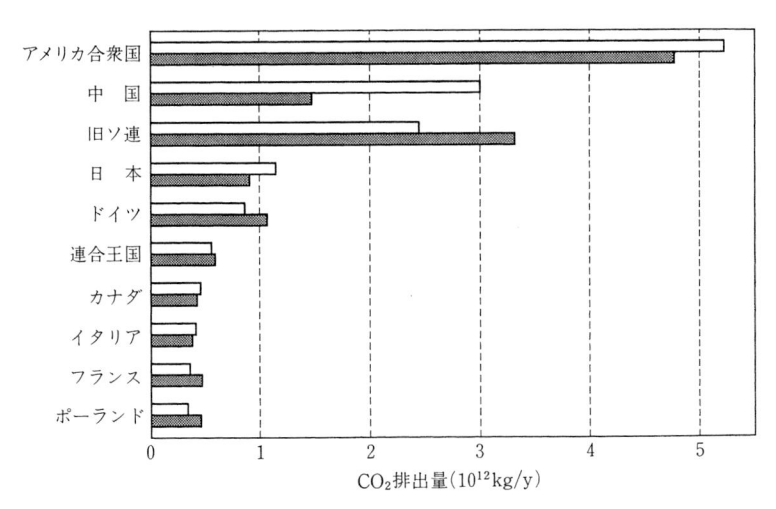

図 7.5 主要国における化石燃料起源の二酸化炭素年間排出量（総務庁統計局編：2000 年版 世界の統計，大蔵省印刷局（2000）による）．上段が 1995 年度，下段（グレーの部分）が 1980 年度の値．この値にはセメント製造などで放出された量は含まれていない．図に示された国以外ではインドも上位にランクされる

　二酸化炭素の排出を減らすためには，化石燃料の利用効率を高める努力をすることはもちろんであるが，それには限界がある．結局は化石燃料の消費を抑制しなければならない．しかし，それが行き過ぎると生産活動を低調なものにする恐れがある．そのため一部の国は排出削減の実施に消極的となっている．

　大気中の二酸化炭素を減らす方策として，発生源で二酸化炭素を捕集し，これを深海に投棄することが考えられているが，これが海洋環境に与える影響が未知数であるところに問題が残っている．実用的な方法は植林である．植林された若木が成長する過程で樹木中に炭素が固定される．木が完全に成長してしまうと炭素の蓄積量は頭打ちになる．これは炭素固定量と落枝，落葉による炭素損失量がバランスした結果である．これも一種の定常状態と考えることができる．従って，成長した樹木は伐採し，その後に再び植林する作業が必要である．ただし，伐採した木を燃やしてしまったのでは炭素を固定したことにはならない．

　森林の正味の炭素固定量は，わが国のような温帯地域では年間 $0.2\,\mathrm{kg\ C/m^2}$

である．熱帯ではこれよりも大きくなる．オーストラリアでユーカリを植林した場合，炭素固定量は 0.3 kg C/m^2 と見積もられている．わが国の森林の面積は 246000 km^2 である．森林がすべて成長過程にあるならば，計算上は年間 $180 \times 10^9 \text{ kg}$ の二酸化炭素が吸収されることになる．わが国の年間二酸化炭素放出量が $1151 \times 10^9 \text{ kg}$（1995 年）であることを考えれば，二酸化炭素の除去における森林の役割は決して小さくはない．

世界には $51.2 \times 10^6 \text{ km}^2$ の森林が存在する．これは陸地の全面積 $148 \times 10^6 \text{ km}^2$ の 34.6% に相当する．この森林が二酸化炭素の除去に有効に機能するならば，地球温暖化はそれほど深刻な問題にならなかったかもしれない．しかし現実には世界の森林の多くは成熟した状態にあって二酸化炭素の吸収には寄与していない．これが新たな植林を必要としている理由である．

演 習 問 題

[1] 温室効果とはなにか．温室効果ガスの例をあげよ．
[2] 今後新しい温室効果ガスが出現する可能性はあるか．理由をあげて説明せよ．
[3] 水蒸気は大気中の濃度が高く，赤外線をよく吸収するにも関わらず温室効果ガスとは見なされないのはなぜか．
[4] "二酸化炭素の固定に役立つから，雑草が茂っても刈り取らない方がよい" という意見を批判せよ．
[5] **核の冬**（nuclear winter）（核戦争が大量の煙と粒子を大気中に舞い上げるので広い地域にわたって気候の寒冷化を招くという仮説）は妥当な考え方か．

第8章 酸 性 雨

ヨーロッパや北アメリカでは酸性雨による大規模な森林破壊や湖沼の酸性化による魚類の死滅などが報告され，大きな環境問題となっている．幸い，わが国ではこのような問題はまだ顕在化していないが，以下に述べるようにわが国でも明らかな酸性雨が降り続いており，将来への影響が懸念されている．対策を怠るならば，世界各地で酸性雨の被害が発生するかもしれない．そのため，酸性雨に関する実態を正しく把握し，各種生態系へ及ぼす影響を明らかにする必要がある．

8.1 酸性雨とはなにか

酸性雨は石炭や石油などの化石燃料の燃焼に伴って，硫黄酸化物や窒素酸化物が大気中へ放出されることにより，これらのガスが雲に取り込まれ，複雑な化学反応を繰り返して最終的には硫酸，硝酸などに変化し，酸性の降下物となったものである．

酸性雨は一般に pH 5.6 以下の雨と定義されている．この値は大気中の二酸化炭素（1996年における世界平均濃度は約 360 ppm）と純水が平衡に達したときの pH 値である．

この定義に従う酸性雨は湿性降下物（3.2節参照）である．しかし酸性物質が環境に与える影響を論じるときには，湿性降下物ばかりでなく乾性降下物に含まれる酸性物質も考慮しなければならない．このことから湿性，乾性沈着によって降下した酸性物質を一括して"酸性雨"とよぶことがある．

8.2 化学成分の雨水への取り込み

雨水中の化学成分濃度は季節，降雨前後の天候，降雨強度，降水量，雨の成因などにより異なる．とくに降雨前後の天候は大きな影響を与えると考えられ

る．雨水への化学成分の取り込み機構として，レインアウト（雲の内部での除去）とウオッシュアウト（洗浄作用．雲底下での除去）がある．

　化学成分濃度は一雨の時間経過に伴い変化する．一般に，最初は濃度が大きく，時間の経過とともに濃度は急激に減少し，その後 ほぼ一定になることが多い．

8.3 酸性雨の実態
8.3.1 ヨーロッパ・北アメリカ

　酸性雨という語はイギリスの Smith により 1872 年に初めて使用された．彼はマンチェスターなど工業都市の降水中には多くの硫酸が含まれ，それが繊維製品の退色，金属の腐食，植物への害をもたらすことを指摘した．また，これらの成分は石炭の燃焼により生成し，遠距離まで運ばれることを推定した．降水中に硝酸やアンモニアなどの窒素化合物が含まれることは植物成長の栄養源として注目され，農学の分野で降水の化学成分の分析が行われてきた．

　1940 年代から 1950 年代にかけて，スウェーデンやノルウェーの南部などで肥料なしでも作物がよく育つようになった．しかし，1960 年代に入ると，湖沼から魚がいつのまにか姿を消し始め，森林が枯れるようになった．これらの地域ではレモンジュースに相当する pH の低い酸性雨が降っていたのである．

　Odén はヨーロッパ全域に整備された大気化学観測網により測定された降水の化学成分の測定結果などを解析し，酸性雨はヨーロッパの多くの地域で見られる大規模な現象であり，西ドイツやイギリスから飛来した硫黄酸化物と窒素酸化物が主な原因であること，また酸性雨の湖沼，土壌，森林へ与える影響についても指摘した．1972 年スウェーデンのストックホルムで開催された国連人間環境会議において，スウェーデン政府により酸性雨は国境を越えた国際的な問題として提起された．

　1970 年代から 1980 年代には酸性雨の影響はヨーロッパ全域，北アメリカ，さらに北極圏にまで広がり，現在では地球規模の深刻な環境問題の 1 つになっている．1980 年代後半になると酸性雨の影響は開発途上国でも顕在化した．

8.3 酸性雨の実態

また東欧諸国の民主化により，これらの国での環境汚染の実態が明らかになった．ポーランド，チェコスロバキア，旧東ドイツの国境付近の山岳地帯では大気汚染や酸性雨の影響により針葉樹林の90%以上が枯死したといわれている．これらの国々ではエネルギーを主として質の悪い石炭や褐炭に依存しており，大量の粉塵や二酸化硫黄が排出され，酸性雨となって降下し，土壌を酸性化させ，森林に被害を与えていると考えられる．

8.3.2 日本

宮沢賢治の童話"グスコーブドリの伝記"に次のような記述がある．

> 窒素肥料を降らせます．今年の夏，雨といっしょに，硝酸アムモニアをみなさんの沼ばたけや蔬菜ばたけに降らせますから，肥料を使ふ方は，その分を入れて計算してください．分量は百メートル四方につき百二十キログラムです．雨もすこしは降らせます．

環境庁では1983年より全国14都道府県，29地点で，降水の化学成分など

表8.1　わが国における降水中の化学成分の年平均濃度 [a]

地点	pH	H^+	nss-SO_4^{2-}	NO_3^-	NH_4^+	nss-Ca^{2+}
				(μeq/L)		
札幌	4.6	24.9	36.3	11.9	17.1	8.23
佐渡	4.7	19.5	32.9	15.1	15.4	7.51
立山	4.8	14.2	28.6	15.6	17.7	13.8
隠岐	4.8	16.4	35.4	18.2	26.6	6.31
松江	4.7	19.6	34.2	16.6	19.0	7.30
仙台	5.1	7.29	36.6	21.9	31.1	15.9
鹿島	5.7	1.80	40.6	16.1	23.8	19.1
東京	5.2	6.53	59.4	87.7	91.5	79.6
川崎	4.8	17.6	37.5	19.5	27.2	26.3
名古屋	4.7	19.7	30.7	18.5	19.6	10.6
小笠原	5.3	4.58	23.0	6.71	7.45	5.97
大阪	4.7	21.8	33.0	14.6	19.1	8.22
宇部	5.8	1.55	38.9	11.9	34.5	11.3
北九州	5.2	5.76	44.8	25.2	20.0	22.7
屋久島	4.6	23.0	30.3	11.5	15.9	6.44
平均値 [b]	4.8	16.2	31.6	15.4	19.5	10.4

[a] 環境庁 (1995) による．nss-Ca^{2+} は非海塩起源のカルシウムイオンを示す
[b] 全国40地点についての降水量による加重平均

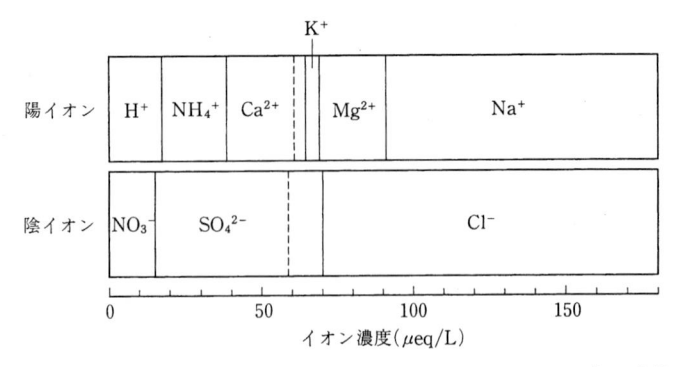

図8.1 わが国における降水の平均イオン組成．Ca^{2+} と SO_4^{2-} の中の破線は海塩起源（左側）と非海塩起源（右側）を区別したものである（環境庁地球環境部監修：酸性雨 — 地球環境の行方 —，中央法規出版 (1997) による）

表8.2 わが国における降水中の化学成分の年平均沈着量[a]

地点	降水量 (mm)	H^+	SO_4^{2-}	NO_3^-	NH_4^+	Ca^{2+}	nss-SO_4^{2-}
				$(g/m^2/y)$			
札幌	824	0.006	2.22	0.69	0.36	0.43	1.84
仙台	1275	0.009	2.36	1.26	0.57	0.46	2.19
鹿島	1519	0.005	4.36	0.97	0.21	1.08	3.77
名古屋	1551	0.009	2.93	1.82	0.45	0.44	2.67
東京	1378	0.029	3.51	1.61	0.62	0.24	3.43
川崎	1819	0.038	3.63	1.49	0.73	0.59	3.33
大阪	1302	0.038	2.08	0.88	0.41	0.19	2.04
松江	1540	0.032	3.68	1.40	0.41	0.47	2.94
宇部	1489	0.002	4.58	1.65	0.82	1.10	4.18
北九州	1554	0.019	4.80	2.53	0.69	0.92	4.47
隠岐	1191	0.016	3.51	0.91	0.23	0.47	1.89
佐渡	1483	0.037	3.65	1.36	0.38	0.44	2.30
対馬	1964	0.061	5.04	1.43	0.67	0.42	3.99
小笠原	1545	0.013	2.44	0.19	0.02	0.32	0.45

[a] 環境庁 (1995) による

の観測を開始した．1995年度に得られた結果を抜粋して表8.1に示す．年平均pH値は4.5〜5.2，全国平均値は4.7であり，明らかに酸性雨が全国的に降っていることが分かる．雨のpHは北海道，東日本でやや高く，西日本で低くなる傾向が認められた．陽イオンと陰イオンのイオンバランスはとれていた

（図 8.1）．陰イオンの中で塩化物イオンが最も多く，次いで硫酸イオン，硝酸イオンの順であった．陽イオンの中では，ナトリウムイオンの割合が最も大きく，アンモニウムイオン，カルシウムイオン，マグネシウムイオンはほぼ同量含まれていた．これらの成分濃度は東日本で低く，西日本では高くなり，pHと反対の傾向が認められた．

　成分濃度と降水量から求めた各成分の降下量（沈着量）を表 8.2 に示す．降下量は降水量に大きく支配され，降水量の大きい鹿児島県屋久島では，各成分濃度は小さいにも関わらず，降下量は非常に大きい．

8.3.3　中　国

　中国大陸の人口は 1995 年 2 月には 12 億 1121 万人に達し，世界の人口の約 1/5 を占める．旧ソ連を除いて世界で 2 番目のエネルギー消費国であり，また二酸化硫黄の発生量も世界 2 番目の国である．最近，中国西南部の四川省重慶，貴州省貴陽などで大気汚染・酸性雨による森林や農作物などの被害が報告され，大きな環境問題となっている．1988 年，中国科学院協会は"酸性雨に関するシンポジウム"を開催し，酸性雨による田畑の被害は 64 万 ha に及び，年間の経済的損失は 20 億元（約 700 億円）に達することを報告した．

　中国ではエネルギー消費量に占める石炭の割合が大きく，1990 年にはエネルギー消費量 9 億 8000 万トンの約 76% に達している．従って，中国における大気汚染の特徴は硫黄や灰分含有率の高い石炭の大量使用により生成する硫黄酸化物，煤塵によるものである．1993 年度の中国環境白書によると，硫黄酸化物の排出量は 1800 万トンに達している．窒素酸化物の排出量は硫黄酸化物の排出量の約 37% であり，硫黄酸化物に比べればまだ少ない．酸性雨の全国的な調査は 1982 年から実施されている．これによると長江の南部地域，とくに西南部の重慶，貴陽周辺や湖南省，広西省で pH の低い雨が観測されており，最近では酸性雨地域はさらに広がっている（図 8.2）．

　化学組成を見ると硫酸イオン濃度の大きいことが特徴であり（表 8.3），硫酸イオンの雨の酸性化への寄与率は 80〜90% を占める．その年間沈着量は重慶市内で 19 t/km^2 に達し，この量は日本全国平均の約 4.9 倍に相当する．

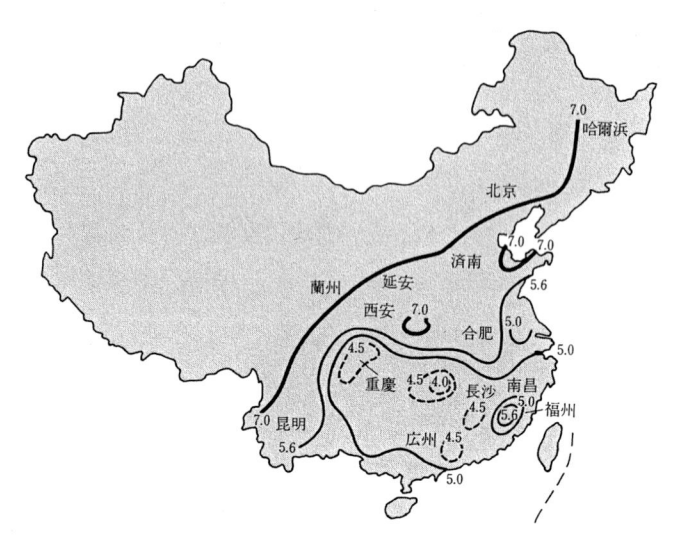

図 8.2 中国の全国降水 pH 分布図(1992 年)(環境庁地球環境部監修:酸性雨 — 地球環境の行方 —,中央法規出版(1997)による)

表 8.3 中国の主要都市における降水の化学組成.表中の濃度を表す数字の単位は μeq/L である[a]

地域	酸性雨地域						非酸性雨地域		
都市	貴陽			重慶		宜賓	北京		天津
	市内	市外	田園	市内	田園	市内	市内	市外	市内
測定年	1982 1984	1982 1984	1982 1984	1982 1984	1982 1984	1982	1982	1982	1981
pH	4.07	4.42	4.58	4.14	4.44	4.87	6.74	6.54	6.26
H^+	84.5	37.9	26.3	72.4	36.3	13.5	0.18	0.29	0.55
SO_4^{2-}	411	281	167	307	165	111.9	337.5	162.5	317.7
NO_3^-	21	25.3	15.9	31.6	18.0	14.7	81	33.9	29.2
Cl^-	8.2	11.8	21.1	15.0	23.9	24.9	59.1	39.1	183.1
NH_4^+	78.9	49.2	50.6	106	64.1	71.1	224.4	160	125.6
Ca^{2+}	231.2	198	87.7	110	42.0	3.5	760	460	287
Na^+	10.1	11.2	5.9	51.4	45.4	47.8	77.4	43.5	175.2
K^+	26.4	10.5	7	7.4	23.4	29.2	38.2	21.0	59.2
Mg^{2+}	56.5	44.6	29.4	48.3	18.3	—	—	—	—

[a] 中国研究所編著:中国の環境問題,新評論(1995)による

北部地域では硫酸イオン濃度が大きいにも関わらず，雨のpHは6以上である．北部地域にはpH7〜8のアルカリ土壌が広く分布し，大気中の粒子状物質の主な起源となっており，炭酸カルシウム，アンモニアなどにより酸が中和される．しかし，南部地域にはpH5〜6の酸性土壌が広がり，生成した酸が大気中で中和されず，酸性雨が生成すると考えられる．

8.4　陸域生態系への影響

　ヨーロッパや北アメリカでは酸性雨による土壌や湖沼の酸性化が進み，陸域生態系が大きく影響を受け，森林の破壊や魚の死滅した湖沼も多く見られる．しかし，わが国においてはこれら生態系の酸性化の傾向は明確に認められていない．しかし，今後も酸性雨が降り続けば，なんらかの影響を受けることが懸念される．

　雨水は森林や土壌を通り表面流出水，地下水となり，湖へ流入する（図8.3）．その過程で雨水中の酸性成分は化学的，生物学的な緩衝作用を受け中和されるが，これらの緩衝作用に限界が生じたとき土壌や湖沼の酸性化が起こることが考えられる．陸域生態系に対し悪影響を及ぼさない酸性沈着物の負荷量の上限値は臨界負荷量とよばれ，また陸水の緩衝作用の大きさはアルカリ度により表現されている．これら酸性化の指標の詳細な検討やモニタリングが今後の重要な課題であろう．

8.4.1　土壌・森林生態系

　土壌の酸性化は集水域における水素イオン（プロトン）の収支によって表現され，ヨーロッパや北アメリカの多くの森林生態系で土壌の酸性化の調査が行われている．Likensらによると，ハバードブルック実験林において，酸性物質のインプットはアウトプットを上回り，1963〜1974年の10年間で86 kmol H^+/km^2 の速度で酸性化が進行していた．チェコの森林では約40 kmol H^+/km^2 の速度で酸性化が進行し，ヨーロッパ各地で同様な結果が報告されている．土壌の酸性化により，土壌粒子の表面にプロトンが交換・吸着され，アルミニウムが溶解する．アルミニウムは植物の根に害作用をもつため，植物が

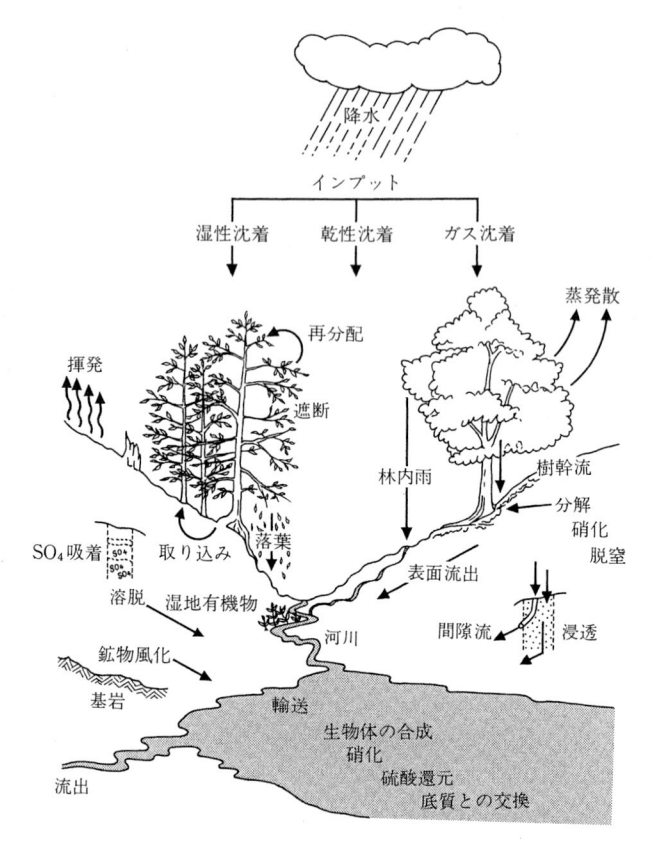

図 8.3　陸域および陸水環境に及ぼす酸性降下物の影響（環境庁地球環境部監修：酸性雨 ― 地球環境の行方 ―，中央法規出版（1997）による）

障害を受け，森林衰退が進行すると考えられている．

8.4.2　陸水生態系

スウェーデン，ノルウェー南部や北東アメリカでは，1950年ころから湖沼の酸性化が認められている．Odénによると，これら湖沼中の無機イオン濃度は小さく（電気伝導率 < 50 μS/cm），酸性降下物の影響を受けやすいためと考えられている．湖沼の酸性化により魚類の減少や死滅など陸水生態系が重大な影響を受けている．1975年には，アジロンダック山地の高度610 m以上にある217の酸性化した湖沼で魚は見られなかった．また，1930年代の魚類の

8.4 陸域生態系への影響

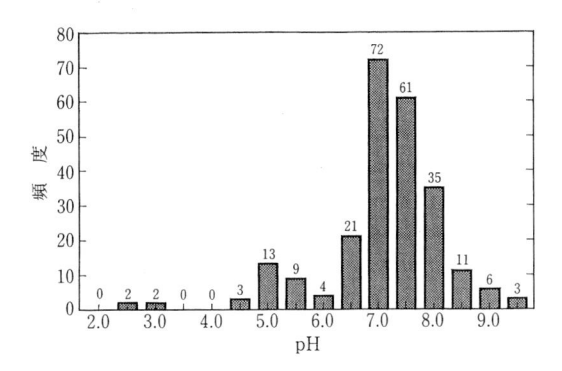

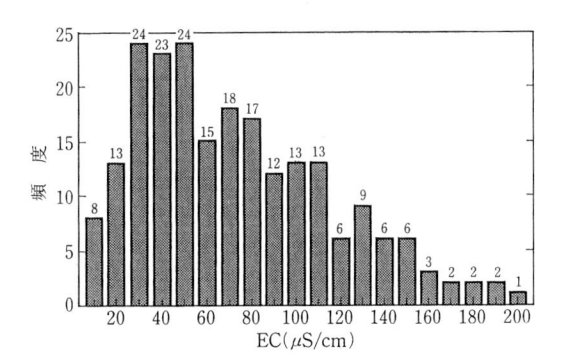

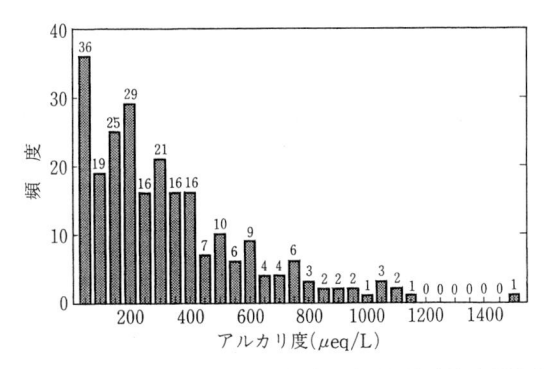

図 8.4 わが国における湖沼の水質の頻度分布（環境庁地球環境部監修：酸性雨 — 地球環境の行方 —，中央法規出版 (1997) による）

データと比較すると，1975年にはpHが低下し，魚類がいない湖沼の割合が増加している．カナダ・オンタリオ州にある実験湖沼地域では，湖に硫酸，硝酸，塩酸などを添加し湖を酸性化し，それに伴う物質代謝，生物相（プランクトン，水草，底生生物，魚類など）の変化などがSchindlerらによって詳細に研究され，優れた多くの結果が得られている．

わが国の湖沼のpH，電気伝導率（EC），アルカリ度の頻度分布を図8.4に示す（1983〜1986年度の観測，130湖沼，242のデータ）．それによるとpH 6.5〜7.0に大きなピークが，pH 4.5〜5.0に小さなピークが認められる．電気伝導率が50 μS/cm以下，アルカリ度が200 μeq/L以下の湖沼は酸性化に対し感受性が高いと考えられ，今後の継続的なモニタリングが必要である．

8.5 陸水生態系の酸性化の検証

1980年代からヨーロッパを中心に酸性物質の負荷により，陸域生態系が悪影響を受けることのない許容限界を推定しようとする研究が行われるようになった．この限界値は臨界負荷量とよばれ，酸性降下物による被害の深刻な北部・中部ヨーロッパにおける汚染物質の発生量の規制のための基礎情報を得る目的で研究が進められている．

陸水の酸性化傾向を推定するためには，水質・生物相の長期間の観測や柱状堆積物中の化学成分・微小プランクトン組成の変化を明らかにする方法がある．

8.5.1 水質・生物相の観測

アメリカ合衆国東部のアジロンダック山地とスウェーデン南部の湖沼について，1930年代と1970年代に測定したpHの頻度分布を図8.5に示す．アジロンダック山地湖沼では，1930年代にpH 6.0〜7.5にピークが認められたが，1970年代にはpH 4.5〜5.0にピークが移動し，明らかな酸性化の傾向が認められた．AsburyらはpHの低下に対応してアルカリ度の減少も認めた．その減少（平均50 μeq/L）は274湖沼のうち80%で認められ，とくに標高の高い

8.5 陸水生態系の酸性化の検証

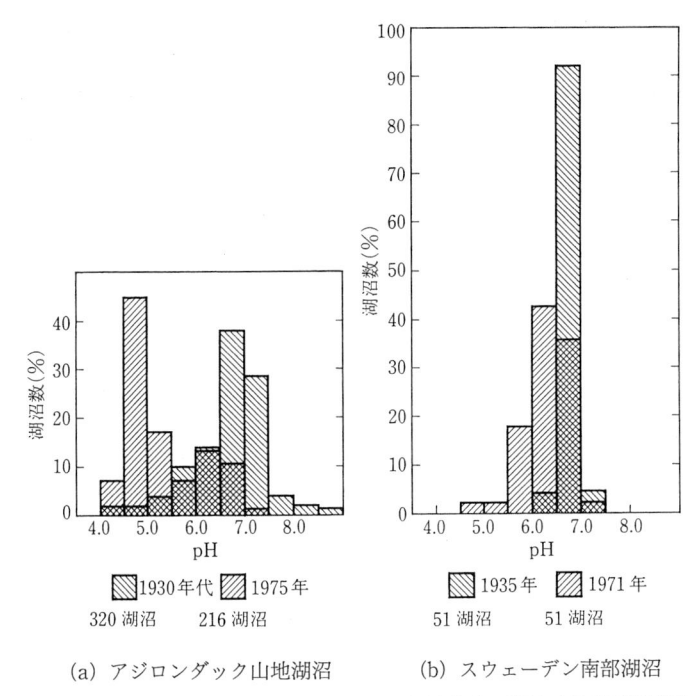

図8.5 1930年代と1970年代の湖沼のpH頻度分布（環境庁地球環境部監修：酸性雨 — 地球環境の行方 —，中央法規出版 (1997) による）

(a) アジロンダック山地湖沼　320湖沼（1930年代）・216湖沼（1975年）

(b) スウェーデン南部湖沼　51湖沼（1935年）・51湖沼（1971年）

湖沼で影響が大きかった．同様な傾向はスウェーデン，ノルウェーの湖沼について認められている．

スウェーデンでは1965年より毎月，15の河川・湖沼でpHなど水質のモニタリングが開始された．これらの湖沼では春にpHが減少する傾向が認められ，この原因は雪解けによる現象と考えられている．同様の現象は数多く報告されており，"snowmelt acidic shock"とよばれている．Leivstadらは融雪が一部の魚類や両生類の産卵の時期に重なり，酸性雪が生態系へ被害を与えることを指摘した．

カナダ・オンタリオ州のプラスチック湖におけるpH，アルカリ度の経年変化を見ると，観測を始めた1980年以降，両者は減少する傾向が認められた．プラスチック湖は先カンブリア紀のカナダ楯状地にあり，アルカリ度は14

μeq/L と小さく，酸性化しやすい湖の1つである．この期間，硫酸イオンの降下量は減少したにも関わらず，pH は低下し続けた．これは湖の集水域の塩基性陽イオンの減少に基づくものと説明されている．

ノルウェー南部湖沼の酸性化の原因は主として硫酸イオンであるが，最近，モニタリングを行っている湖沼・河川で硝酸イオン濃度の増加が認められている．これらの地域における人間活動の影響は小さいので，硝酸イオンの増加は酸性降下物によるものと考えられている．

多くの湖で硝酸イオン濃度の増加とともにアルミニウム濃度も増加し，集水域の酸性化の影響が現れている．またアルミニウム，マンガン，亜鉛，鉛，カドミウムの濃度は湖水の pH が小さいほど大きく，酸性化に伴いこれら成分が集水域土壌や底質から溶出したためと考えられている．

わが国では栗田らによって中部山岳地域における河川，湖沼の pH の低下傾向が報告されている．それによると，1972 年から 1989 年までの間，犀川，青木湖などの pH 低下は 10 年間で 0.6 前後であった．これら地域の集水域は花こう岩，流紋岩など酸性化に対し感受性の高い（中和能力の弱い）岩石が基盤となっており，長期的な酸性雨の影響を受けたためと推定された．

8.5.2 堆積物中の化学成分・生物相の変化からの推定

大気や集水域から湖沼に供給された微量汚染物質は，湖水中で化学的，生物学的変化を受け湖底堆積物中に集積される．

(1) 鉛などの重金属

アジロンダック山地湖沼から採取した柱状堆積物中の鉛含有量は 19 世紀末より次第に増加し，1970 年代前半に最大値を示した．そのほかヒ素，カドミウムなどもバックグラウンド値に比べ著しく増大していることが認められた．

(2) 硫黄とその安定同位体比

フィンランド・ムナ湖から採取した柱状堆積物中の硫黄含有量と硫黄安定同位体比（$\delta^{34}S$）の変化を研究した Kokkonen と Tolonen は大気を通しての硫黄降下量が 1940 年ころから急激に増加し，それに対応して堆積物中の硫黄含有量の増加と硫黄安定同位体比の減少を認めた．化石燃料の燃焼起源および海

塩起源のδ³⁴S値は，各々 −4.0, +20‰であり，化石燃料起源の寄与が大きくなるに従い，堆積物中のδ³⁴S値は小さくなったと考えられる．

(3) プランクトン種組成

珪藻や黄色鞭毛藻類は中性と酸性の環境で種組成が大きく異なるので，堆積物中に残るプランクトン遺骸は過去の水質を探るpH計として用いられている．

Dickmanらはスペリオル湖北部の28湖沼について表層堆積物中の珪藻組成と湖水のpHの関係に基づいて，堆積物コア中の珪藻組成から過去の湖水のpH変化を推定した（図8.6）．1890年から1954年の間のpHは7.1〜7.3であったが，1954年以降pHは次第に低下し，酸性化傾向が認められた．

SmolらもアジロンダックⅢ山地湖沼群の湖底堆積物中の黄色鞭毛藻類の分布と湖水のpHとの間に密接な関係があることを認めた．

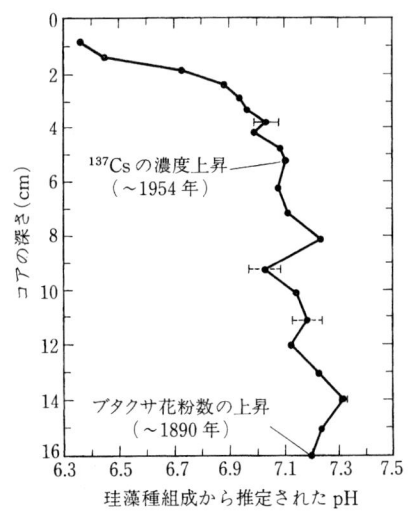

図8.6 堆積物中の珪藻種から推定された過去の湖水のpH (M. Dickman *et al.*: *Water, Air, Soil Pollut.*, **21**, 375 (1984) による)．なお，1982年7月の実測値はpH 5.2であった

8.6 陸水・底質の緩衝作用

わが国では pH 5 前後の酸性雨が降っているが，現在，陸水や森林への明らかな影響は認められていない．それは，陸水や土壌には酸塩基反応やイオン交換反応による緩衝作用があり，その能力が大きいためと考えられている．一方，集水域の土壌や岩石が花こう岩，片麻岩，石英質に富む母材で構成されていると，湖水のアルカリ度は小さく，酸性化に対する緩衝能力が小さく，酸性雨の影響を受けやすい．

8.6.1 化学的緩衝作用

湖水のアルカリ度は次の式で表される．

$$\text{アルカリ度} = [HCO_3^-] + 2[CO_3^{2-}] + [OH^-] - [H^+]$$
$$= [Na^+] + [K^+] + 2[Ca^{2+}] + 2[Mg^{2+}]$$
$$+ [NH_4^+] - [Cl^-] - 2[SO_4^{2-}] - [NO_3^-]$$

湖沼や河川のアルカリ度は主として炭酸水素イオンと炭酸イオンにより占められており，集水域の土壌や岩石から供給される．また，底質もアルカリ度の重要な供給源であり，酸の添加により交換性陽イオンが溶出し，化学的緩衝作用の役割を果たす．

8.6.2 生物学的緩衝作用

生物学的緩衝作用として重要なものは，硫酸還元と脱窒である．嫌気的な水中や湖底堆積物中で進行する硫酸還元は硫酸を硫化水素へ還元する作用である．カナダ・オンタリオ州の実験湖沼での Rudd らの実験によると，7 年間に添加した硫酸の 66 ～ 85% が中和により失われ，そのうち約 85% が硫酸還元によるものと推定された．脱窒は硝酸を窒素に還元し，水中から窒素を除去する重要な作用である．

8.7 市民による酸性雨監視ネットワーク

市民による酸性雨監視ネットワークが広がってきた．その例と意義を述べてみたい．

8.7.1 全米の酸性雨監視ネットワーク

全米オードゥボン協会は酸性雨によって引き起こされる環境や健康への影響を市民に周知させるため，市民参加による酸性雨監視ネットワークを設立した．ネットワークは1987年から全国で約300人のボランティア（モニター）により行われた．各地のモニターは降水試料を採取してpHを測定し，結果をオードゥボン協会本部に送付した．そこで各地点，各州ごとにpHの月平均値が算出され，これらの結果は地域の新聞，テレビで報道され，天気予報と同じような身近な問題として市民の関心を集めている．

ネットワークにより得られた結果の例を図8.7に示す．1990年3月，pH値は44州，125地点から報告された．pH 5.0以下の酸性雨は24の州で降り，とくに東部の5つの州でpH 4.0以下の強い酸性雨が観測された．これらの結果と国家大気降下物調査計画（NADP）のデータを比較すると，両者の結果には類似性があり，ネットワークで得られた結果も科学的に有効であると考え

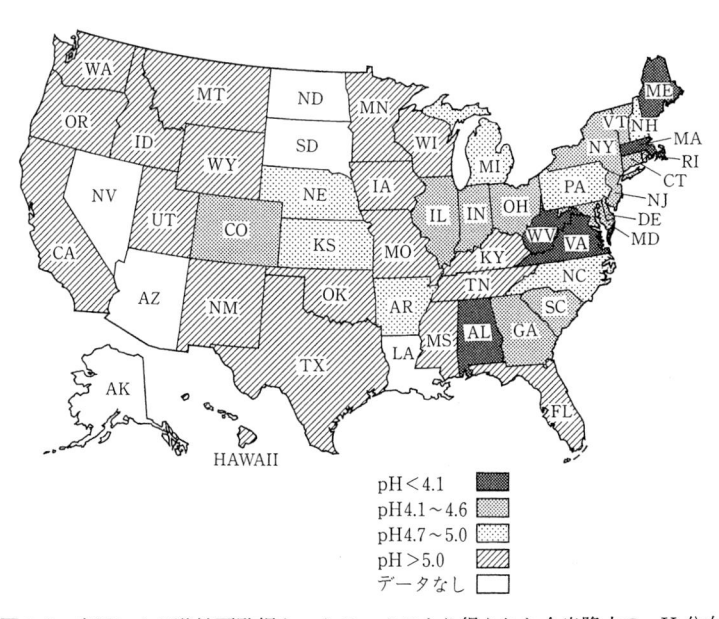

図8.7 市民による酸性雨監視ネットワークにより得られた全米降水のpH分布（1990年3月）（全米オードゥボン協会ネットワークニュースによる）

られる．また，NADPのデータが公表されるまで約1年を要するが，市民ネットワークの結果は翌月には発表される．雨のpH値の季節変化，州による差が速報的に分かることは，この問題に対する市民の関心を高める上で効果的であった．

8.7.2 わが国の酸性雨監視ネットワーク

わが国においてもさまざまな方法により酸性雨監視ネットワークが広がっている．植村らはアサガオを用いて酸性雨の観測を始めた．アサガオの花びらは酸性雨が降ると脱色し，また葉は大気汚染の影響によって変色する．1990年夏には希望者にアサガオの種を送って観測を呼びかけたところ全国から反応があり，小中学生から夏休みのテーマとして観測を行ったなどの報告が相次いだ．

1990年夏，"全国公害患者の会"は全国93地点で酸性雨の調査を行った．全国での測定結果の中で最もpHの低い値は東京都板橋区のpH 3.7で，交通量の多い道路沿いや工場付近でpHの小さい酸性雨が観測された．このような測定ネットワークを広げるため，1991年に"酸性雨調査研究会"が発足し，6月の環境月間に多くの地域で測定が行われた．"市民バンク・エコ研究会"はpH測定用パックテストにより酸性雨測定を行った．1990年12月から1991年1月までに降った雨について，全国から1000件を超える測定結果が報告された．その結果，報告例の3/4がpH 5.6以下の酸性雨であった．

東京都府中市では簡単な酸性雨測定マニュアルを作成し，調査を市民に呼びかけ1990年11月から1991年3月まで測定が行われた．pHの低い月は12月で4.4，高い月は11月と2月で平均のpHは5.1であった．"婦人国際平和自由連盟日本支部"では全米オードゥボン協会のネットワークに基づいた日本版の調査マニュアルを作成し，酸性雨の監視ネットワークをつくった．1990年9月より一雨ごとに雨量とpHを測定し，月ごとの加重平均値を算出している．観測は東京都新宿区や横浜市など多くの地点で行われているが，その中にはpH 3.5～4.5の雨も含まれている．

演 習 問 題

[1] 酸性雨の定義を述べよ．雨を酸性化する化合物にはどのようなものがあるか．その発生源を示せ．

[2] 人間活動による酸性物質の放出がないとすれば，雨のpHはいくらになるかを推定せよ．

[3] 現在のわが国の雨の平均組成を用いて$1\,km^2$あたりの年間窒素降下量を計算せよ．ここでいう窒素はアンモニウム態と硝酸態の窒素であって，乾性降下物の寄与は無視してよい．

[4] 中国・四川省の重慶市周辺で酸性雨の被害が大きいのはなぜか．

[5] 酸性雨による被害が寒冷地で顕著であるのはなぜか．

[6] わが国の陸水に酸性雨の影響が見られないのはなぜか．今後ともこの状態は持続すると思うか．

さらに勉強したい人たちのために

　環境に対する関心の高まりを反映して，環境化学に関連した本の出版点数は非常に多い．そのレベルも啓蒙的なものから専門的なものまで多岐にわたっている．その中から適当なものを選ぶことは想像以上に難しい．環境化学のように発展途上にある分野では，データはもちろん，考え方もたえず新しいものに書き換えられつつある．このような事情から，できる限り最近に刊行された本を参考にすることを勧めたい．

　不破敬一郎，森田昌敏編著：地球環境ハンドブック（第2版），朝倉書店（2002）．
地球環境問題全般にわたる手ごろな解説書．1994年に刊行された初版が大幅に改訂された．関心のある問題について調べたいときに便利なハンドブックである．

　安成哲三，岩坂泰信編：大気環境の変化（岩波講座地球環境学3），326頁，岩波書店（1999）．
人間活動が大気に与えた影響とそれによって発生した地球温暖化，酸性雨，オゾン層の破壊について述べた概説書．一般的な大気化学の本と異なり，気象学，気候学的な視点からの記述の多いことが特徴である．

　陽捷行編著：土壌圏と大気圏 ― 土壌生態系のガス代謝と地球環境 ―，140頁，朝倉書店（1994）．
土壌との関係に重点をおいて二酸化炭素，メタン，亜酸化窒素，含硫ガスの大気中の濃度変動，発生・消滅過程を扱った概説書．

　半谷高久，小倉紀雄著：水質調査法（第3版），335頁，丸善（1995）．
天然水に関する基本的知識が最初の75頁に要領よくまとめられている．水の分析値の意味するところを正しく解釈する上でも役に立つ．水分析に関心のあ

る学習者に勧める．

  日本地下水学会編：地下水水質の基礎 — 名水から地下水汚染まで —，
  189 頁，理工図書（2000）．

地下水学会誌に連続して掲載された紙面講座「地下水水質化学の基礎」を 1 冊にまとめた解説書．物理化学的アプローチを重視する．地下水の水質を岩石，土壌，土壌中の微生物と関係づけて論じている．

  和田英太郎，安成哲三編：水・物質循環系の変化（岩波講座地球環境学 4），
  348 頁，岩波書店（1999）．

地球における物質循環を気候システム，生態システム，人間活動の観点から論じた概説書．森林流出水質，地域開発が水・物質循環に与える影響，COD，発がん性汚染物質，環境ホルモンなどの問題についても述べてある．

  東京農工大学農学部『地球環境と自然保護』編集委員会編：地球環境と自
  然保護（改訂版），212 頁，培風館（1997）．

生物圏に重点をおいて書かれた分かりやすい教科書．これまで生物学を勉強していなかった人が環境における生物の役割を理解するのに適した本である．自然保護ばかりでなく，都市の環境問題についても書かれている．

  環境庁地球環境部監修：酸性雨 — 地球環境の行方 —，252 頁，中央法規
  出版（1997）．

酸性雨問題の歴史と現状，原因物質の排出量と降下量，生態系への影響と予測，国内外での取り組みが多数の文献に基づいて記述されている．やや専門的な本である．

  以上の本のほか，大気，陸水，海洋，土壌に関する基礎的な教科書，解説書も学習上の参考にすることが望ましい．

問題の解答と解説

第 1 章

[2] 耕作地，放牧地，森林の面積のデータを年度別に集め，データに基づいて今後の変化を予測する．必要なデータは次のような刊行物（多くは年刊）に載っている．

  総務省統計研修所編：世界の統計，日本統計協会．

  矢野恒太記念会編：世界国勢図会，矢野恒太記念会．

上記刊行物のデータから計算した耕作地の年間増加面積はおよそ 300 万 ha（3 万 km²）である．また 環境庁企画調整局調査企画室編：平成 12 年版 環境白書 総説，pp.4〜6，ぎょうせい（2000） に森林に関する項目があり，推定で毎年 1200 万 ha（12 万 km²）の森林が消滅しつつあることが述べられている．この問題の将来予測が人口問題と関連することは自明であろう．

 国内の土地利用に関しては

  総務省統計研修所編：日本の統計，日本統計協会．

を参照するとよい．

第 2 章

[3] 陸上に降る雨の総量（全降水量）は

$$148.9 \times 10^6 \text{ km}^2 \times 780 \text{ mm} = 148.9 \times 10^{12} \text{ m}^2 \times 0.78 \text{ m}$$
$$= 116 \times 10^{12} \text{ m}^3 = 116 \times 10^{15} \text{ L}$$

従って蒸発散で失われた水の量は 76×10^{15} L，すなわち，全降水量の 65.5% に相当する．

[4] 式 (2.1) に $t_m = 10$ d $= 0.027$ y，$D = 40 \times 10^{15}$ L/y を代入すれば

$$M = 0.027 \text{ y} \times 40 \times 10^{15} \text{ L/y} = 1.1 \times 10^{15} \text{ L}$$
$$= 1.1 \times 10^3 \text{ km}^3$$

この値を表 4.1 のデータと比較せよ．

[5] 河川を通じての陸物質の年間輸送量を 20×10^{12} kg とすれば，年間のリン輸送量は
$$20 \times 10^{12} \text{ kg} \times 1050 \text{ mg/kg} = 21000 \times 10^{12} \text{ mg} = 21 \times 10^9 \text{ kg}$$
となり，この値は採掘量とほぼ一致する．リンの主要な用途は化学肥料であり，その一部は農業排水中に溶け出すので陸水の富栄養化に寄与することになる．河川によるリンの年間輸送量が 22×10^9 kg であり，そのうち無機粒子態が 12×10^9 kg，有機粒子態が 8×10^9 kg というデータがある（E. K. Berner, R. A. Berner：The Global Water Cycle — Geochemistry and Environment —, p.233, Prentice-Hall（1987））．

[6] 町田市の場合は一般廃棄物を焼却したときの残留物は焼却量の 12.4% であった．一般廃棄物の量を 5054 万トンとすれば，残留物の年間発生量は
$$50.54 \times 10^9 \text{ kg} \times 0.124 = 6.27 \times 10^9 \text{ kg}$$
となる．密度 2 g/cm³ は 2×10^3 kg/m³ と読み替えることができるので，求める体積は
$$\frac{6.27 \times 10^9 \text{ kg}}{2 \times 10^3 \text{ kg/m}^3} = 3.1 \times 10^6 \text{ m}^3$$
となる．これは 1 辺が 150 m の立方体の体積に相当する．

第 3 章

[1] 大気中の二酸化炭素と窒素の体積比は $0.0360 : 78.08$ である（表 3.1 参照）．気体の体積比はモル比に等しい．これを質量比に換算するには，それぞれの分子量を掛ければよい．質量比は $1.58 : 2190 = 0.725 \times 10^{-3} : 1$ となる．

大気中の窒素の全量が 3.9×10^{18} kg であるから，二酸化炭素の全量は
$$3.9 \times 10^{18} \text{ kg} \times 0.725 \times 10^{-3} = 2.8 \times 10^{15} \text{ kg}$$
となる．

[3] 表 3.2 から発生源として重要なのは，自然起源では湿地，人為起源では石炭採掘・天然ガス採取と反すう動物であることが分かる．メタン濃度の増大が人間活動によるものであるとすれば，石炭・天然ガスの生産量，牛の飼育頭数の時系列変化からその影響を見積もることができる．これらのデータは 総務省統

計局編：世界の統計，財務省印刷局 で調べることができる．この刊行物は年刊である．

[6] ダイオキシン類には多数の化合物が含まれる．その毒性は化合物中の塩素の数，また塩素の数が同じでも塩素の置換位置によって異なる．ダイオキシン類の環境問題では，個々の化合物の濃度，あるいはそれらすべてを合計した濃度よりも毒性が重要である．そこで個々の化合物の濃度に毒性等価係数を掛けて合計し，毒性換算値で示すのである．

　毒性等価係数の値は 環境庁企画調整局調査企画室編：平成 11 年版 環境白書 総説，p.235，大蔵省印刷局（1999）に記載されている．

第 4 章

[3] 時系列的に見ると生活用水（家庭用水と都市活動用水を合計したもの）の量は増加傾向にある．生活用水の中で家庭用水の占める割合は約 60% である．生活用水は気候，生活様式，都市活動によって変動するが，1975〜1993 年の全国年平均伸び率は 1.2% となっている（国土庁長官官房水資源部編：平成 8 年版 日本の水資源，p.52，大蔵省印刷局（1996））．このことから推定すると，今後も家庭用水の漸増が続くであろう．

[6] 降り始めの雨（初期降雨）には溶存成分，懸濁物とも高濃度で含まれるのが普通である．平均的なパターンとしては降り始めからの時間経過とともに濃度は減少するが，単調に減少するとは限らない．空気の流れは複雑で，下層に別の経路からきた気流が流れ込むことで雨の組成が変動することがある．

[7] 計算上は 31 L の河川水が必要である．しかしこれだけでは河川水中の溶存酸素が完全に消費されて，生物が生存できない無酸素水ができる．生活排水の影響を打ち消すためには，少なくとも 60 L の水で希釈しなければならない．

[8] 農業排水には硝酸塩，リン酸塩が含まれている．排水の量が非常に多いので，通常の水処理法で除去することは現実的ではない．水面にいかだを浮かべ，その上で植物を育てることが試みられている．植物が水中の窒素，リンを吸収することを利用したものであるが，いかだの管理，成長した植物の始末など残された問題は多い．

[10] 黒目川の平均流量が 21.6 L/s であるから，14 日間に木炭を通過した水量は

26.1×10^6 L, この中に含まれていた SS の量（負荷量）は 418 kg となる．従ってSSの除去率は 8～14% となる．

第 5 章

[2] 定常状態を仮定すれば，土壌中の有機物の量は有機物の供給量と分解速度によって決定される．地表に植物が生育していれば，植物から落枝，落葉が供給される．地表に蓄積した落枝，落葉は生物作用と化学作用によって分解される．どちらの作用も温度依存性が大きいので，寒冷地では有機物の分解が遅く，不完全に分解した植物遺体が残留するように思われるが，植物の種類によっては寒冷地でも分解が速い．この場合は，腐植と無機質が混合した A 層が発達する．東北地方のブナ林土壌はこの例である．

熱帯では高温のために有機物は短時間で分解する．森林伐採によって有機物の供給がなくなると，土壌は有機物に乏しくなる．このような土壌では粘土粒子の固結が促進され，土壌は透水性を失い，農業生産には不適当な状態になる．

熱帯の多雨地域では，地表の植生が失われて土壌が露出すると，流水による浸食を受けやすくなることが指摘されている．

わが国では耕作地に堆肥の形で有機物を補給しているが，これは栽培植物だけでは耕作地への有機物の還元が十分に行われないからである．

[6] 土壌に最初から含まれている重金属と後から人間活動で加えられた重金属では化学状態が異なる．このため試薬に対する反応性に差があることに着目する．酸，あるいはキレート剤の水溶液に対しては人間活動起源の重金属の方が溶けやすい．

希塩酸に土壌を加えてかき混ぜながら，溶液中の亜鉛濃度をかき混ぜ時間の関数として測定したとき，反応の初期に急速に溶出した分が人間活動に由来する亜鉛であり，後から徐々に溶け出してくる分が最初から土壌に含まれていた亜鉛である．

第 6 章

[2] ある生物が指標生物として有用であるためには，有害物質を濃縮する性質をも

つこと，広域的に分布し，しかもサンプリングが容易であることなどが要求される．

　ムラサキイガイが海水中の重金属を濃縮することは図6.3から明らかである．この二枚貝は岩礁域に生息しているために，サンプリングが容易であり，しかも底泥を取り込む可能性が小さいので，海水中の重金属濃度を忠実に反映すると考えられている．海水中の重金属は低濃度であるために，海水を分析して重金属を正確に定量することは非常に困難である．それに対して重金属を濃縮した生物試料の分析はそれほど難しいものではない．海水中の重金属濃度は変動することもあるが，ムラサキイガイはそれが生息していた間の平均濃度を記録している試料である．

　ムラサキイガイが有機化合物，たとえば，アルキルベンゼン，PAH，PCBなどを濃縮することも確認されている．従って，重金属ばかりでなく，有機物のモニタリングにも利用することができる．

　この貝は世界各地の海に広く分布している．このため世界の沿岸地域の汚染を比較調査するために有用な試料と考えられている．

[3] 同じ土壌の上に生育している植物でも，種類によって対象とする成分の濃度が異なる．同種の植物であっても採取する部位（葉，枝，実など）によって，また部位が同じでも季節によって濃度が異なる．従って最初に，調べる植物の種類を決めなくてはならない．この種が広く分布し，しかも容易に識別できることが望ましい．植物の採取部位を選定したならば，適当な時期に調査地域全域にわたって一斉にサンプリングを実施する．

　この手法は植物を利用した鉱床探査のために開発されたもので，**地球化学探査**（biogeochemical prospecting）とよばれている．植物を用いた土壌汚染の調査はその応用である．

[4] 定常状態の成立を仮定し，平均滞留時間の式 (2.1) から計算する．表6.3から植物中の炭素量が 830×10^{12} kg であることが分かる．供給量は図6.5にある通り，120×10^{12} kg/y である．これから答えは約7年となる．

[5] 人間が肥料として消費する窒素量は微生物の働きによる窒素固定量に近い．肥料消費量は年々増加しつつあるが，それでもその量は窒素の最大の貯蔵源（レザーバ）である大気中の窒素量と比較すれば無視し得るほど小さい．大局的に

見れば人間活動が窒素の循環に与える影響は事実上ゼロである．

しかし，局地的には多量の窒素質肥料が耕地に施されると，耕地から硝酸イオンとして溶脱される窒素量は増大する．このため農業排水が流入する河川水，地下水中の硝酸イオン濃度が増大し，場合によっては地下水を上水道の水源として利用することが困難となる．

化学肥料中の窒素分のうち，作物が 40% を吸収し，残り 60% が流出するというデータがある（片山新太ほか：環境科学会誌，**14**，373（2001）による）．この比率は耕地の状態，作物の種類，施肥量，降水量などの因子によって変動するので，上に示した値は 1 つの目安である．

[6] P_2O_5 として 3111 万トンは，P に換算して 1360 万トンになる．これが河川水の年間流量 40×10^{15} L 中に含まれるのであるから，求める濃度は 0.34 mg/L となる．

第 7 章

[4] 問題は固定された炭素が植物とその遺体中に滞留している時間の長さである．ある植物に取り込まれた炭素が非常に短い時間で分解され，二酸化炭素となって大気中に再放出されるとすれば，その植物の炭素固定効果は事実上ゼロである．

多くの雑草は秋には枯れて，短時間で水と二酸化炭素に戻ってしまう．従って，雑草には炭素を固定する能力がないと考えてよい．炭素を固定するためには樹木を成長させなければならない．そのためには老齢化した（成長が停止した）森林は伐採し，その後に若木を植林することが必要である．

[5] 核の冬に対する警告が発表されたのは 1983 年のことであった．核戦争で発生した煙と粉塵が大気中に拡散し，太陽からの放射を遮るため，広域的に，しかも長期間にわたって地表温度が −15 から −25°C にもなり，これが生物に大打撃を与えるというものである．微細な粉塵は成層圏まで吹き上げられるので，それが落下するのには長時間を要する．このため気象も数年間にわたってその影響を受けることになる．

この予測はコンピュータモデルに基づくもので，これに対してさまざまな異論があることも事実である．この問題に関して 1980 年代後半まで一般的に受

け入れられていた予測は，核戦争が気象条件的に最も悪いとされる7月に起こったとしても温度降下はせいぜい数°C，またその影響も1か月程度で消滅するという楽観的なものであった．

第 8 章

[2] 非汚染雨水のpHはいくつかの方法で推定することができる．

① 昔の雨の分析値を調べる．できるだけ人間活動の影響が少ない場所で採取された雨のデータが望ましい．ただし，昔のpH測定は比色法が主流であったので，正確さという点では問題がある

② 昔の雨は生物に成長阻害などの悪影響を与えなかったはずである．酸性雨類似の組成をもった水溶液で植物を栽培し，正常に生育するためのpH範囲が測定されていれば，そのデータを参考にすることができる

③ 雨のpHに影響する成分は二酸化炭素だけではない．たとえば，干潟では硫酸イオンが硫酸還元菌の作用で硫化水素に還元され，大気中に放出される．大気中の硫化水素は光化学的に酸化され，最終的には硫酸となる．これが雨滴に捕集されると雨は酸性化する．大気中には雨を塩基性にする炭酸カルシウム（砂漠起源の粉塵に含まれる），アンモニアなども存在する．自然起源の硫黄化合物の寄与だけを考慮し，計算によって非汚染雨水のpHをおよそ5.0と推定した報告がある（R. J. Charlson, H. Rodhe：*Nature*, **295**, 683（1982））

人間活動の影響を受けていない雨水はpH 5〜6と見るのが妥当であろう．

[3] 表4.9のデータを使用する．アンモニウムイオン，硝酸イオンの濃度を窒素の濃度に換算し，合計すると $0.520\,\mathrm{g/m^3}$ となる．年間降水量を1755 mmとすれば，1 km²に降る雨の全量は $1.755 \times 10^6\,\mathrm{m^3}$ となる．これから年間窒素降下量は

$$0.520\,\mathrm{g/m^3} \times 1.755 \times 10^6\,\mathrm{m^3} = 913\,\mathrm{kg}$$

となる．

表8.1のデータを使用することもできる．その場合は年間窒素降下量として876 kgの値が得られる．

[4] 酸性雨の被害が大きいということは，酸性物質の降下量が多いということであ

る．これは酸性雨の原因物質である二酸化硫黄，窒素酸化物の排出量が多く，しかも地形，気象の関係で，これらの物質が拡散しにくいときに起こる現象である．

中国では石炭が燃料として重要であり，しかも四川省で使用される石炭の平均硫黄含量は 3.2% と中国で最大である．この石炭が集塵装置，脱硫装置のない中小燃焼炉，家庭用ストーブなどで燃やされる結果，大量の二酸化硫黄，煤塵が大気中に放出されている．四川省の年間二酸化硫黄排出量 (1987 年) は 257.7 万トンであった．なお窒素酸化物の排出量は二酸化硫黄の約 37% である．重慶には大きな火力発電所があり，これが二酸化硫黄，煤塵の大きな発生源の 1 つとなっている．

重慶は長江と嘉陵江という 2 つの大河に挟まれているために湿度が高く，冬季には霧の発生が多い．それに加えて風が弱いという独特な気象条件下にある．静風頻度は 40% にも達し，平均風速は 1.3 m/s (西風) に過ぎない．酸性物質は遠方まで拡散されることなく，市周辺に沈降する．これがこの地域で酸性雨の被害が大きい理由である．

[5] 酸性雨の影響を水と土壌に分けて考える．ここでいう酸性雨とは，湿性降下物ばかりでなく，乾性降下物も含めたすべての酸性物質を指すものとする．

炭酸水素イオン HCO_3^- 濃度が高い水は酸性雨が流れ込んでも，酸の本体であるオキソニウムイオン H_3O^+ を中和することができる．

$$HCO_3^- + H_3O^+ \longrightarrow CO_2 + 2\,H_2O$$

従って，酸性雨の被害は発生しない．

炭酸水素イオンはケイ酸塩鉱物の風化で生成する．たとえば，カリウム長石 $KAlSi_3O_8$ の風化は次式で表される．

$$2\,KAlSi_3O_8 + 2\,CO_2 + 11\,H_2O$$
$$\longrightarrow 2\,K^+ + 2\,HCO_3^- + 4\,Si(OH)_4 + Al_2Si_2O_5(OH)_4$$

温度が高いほど，風化は速く進行する．熱帯，温帯の水には炭酸水素イオンが多く含まれる．これに対して風化の進行が遅い寒冷地の水は炭酸水素イオンに乏しい．これが寒冷地の湖沼で酸性雨の影響が強く現れる理由である．

湖沼での酸性雨の影響は魚類の種類と個体数に現れる．湖沼の酸性化が生物にとって好ましくない環境をつくり出すのは，単に pH だけの問題ではない．

これはpHの低下とともに溶存アルミニウムの濃度が増大するためである．アルミニウムは土壌中の粘土鉱物の分解で生成したもので，生物にとって有毒である．アルミニウム濃度の増大とともに魚類の個体数が減少する．

土壌も酸性雨を中和することができるが，これは土壌を構成する粘土鉱物にイオン交換性があり，イオン交換基に結合していたアルカリ金属イオン，アルカリ土類金属イオン（これらを塩基と総称する）などがオキソニウムイオンと交換することで酸を中和するからである．粘土鉱物のイオン交換基が水素形になると，その部分の構造が破壊されてアルミニウムの溶出が起こる．

土壌への影響は森林の生育状態から判断される．極端な場合は森林が枯死することもある．寒冷地で酸性雨の被害を受けた森林の多くは大陸の針葉樹林であり，その森林の土壌は**ポドゾル**（podzol）とよばれる種類のものである．土壌の原岩は花こう岩であって塩基成分が少ない．針葉樹からの落枝，落葉は分解が遅く，大量の腐植が地表に堆積する．腐植は徐々に分解されるが，分解の過程で有機酸を生成する．土壌中の塩基は有機酸によって溶脱されるので，ポドゾル中の塩基は低濃度であり，酸性雨を中和する力が弱い．このため酸性雨が降ると容易にアルミニウムが溶け出し，これが森林を衰退させる原因物質である．

土壌層が厚ければ，単位面積あたりの酸中和能力も大きくなり，酸性雨の影響が発現するまでの時間が長くなる．しかし寒冷地では一般に土壌層が薄く，そのために酸性雨に対する抵抗力が弱いことになる．このことも寒冷地が酸性雨の被害を受けやすい原因の1つと考えられる．

このように酸性雨による被害の受けやすさは，雨のpHと降水量（湿性沈着による酸の降下量）ばかりでなく，乾性沈着による酸の降下量，気候，土壌の原岩，土壌層の厚さ，地形，植生など多くの因子に依存しているので，雨のpHだけから被害の程度を予測することは無理である．

索　引

ア

亜鉛　65
アオコ　57, 64, 100
青潮　64
赤潮　55, 64, 100
亜酸化窒素 → 一酸化二窒素
アジロンダック山地　126, 128, 130, 131
雨水　59
アルカリ度　125, 128, 129, 132
アルベド → 反射率
アルミニウム　125, 130
アンモニア　39

イ

硫黄
　——の循環　100
硫黄安定同位体　130
硫黄酸化物　101, 119, 120, 123
異常気象　102, 115
一次エネルギー　5
一次汚染物質　40
一酸化炭素　39, 41
一酸化二窒素（亜酸化窒素）　34, 98, 116
一般廃棄物　7, 27
　——の処理　28
移動量　20
　元素の——　22
隕石の落下　110

ウ

ウオッシュアウト　120

エ

エアロゾル　38
永久凍土　110
エネルギー消費　5
沿岸域　55

オ

汚染物質　7
オゾン　35, 36
オゾン層の破壊　34, 36, 40
汚濁負荷量　61, 62
温室効果　11, 111
温室効果ガス　33, 34, 111, 116

カ

外因性内分泌撹乱化学物質 → 環境ホルモン
海塩粒子　20
海水　53
海面上昇　114
海洋
　——における定常状態　25
海洋汚染　68, 93
海陸風　20
海流　20
化学的緩衝作用　132
化学的酸素要求量 → COD
化学肥料　62, 98, 100
可給態　90
河口域　55
火山灰　109
火山灰土　79, 83, 86
河川水　55
家畜排水　62
褐色森林土　83
家庭用水　53
カドミウム　65, 85, 130
過マンガン酸カリウム消費量　57
環境　1
環境汚染　7
環境化学　12
環境科学　12
環境基準　41, 87
環境地球化学　15
環境分析　13
環境ホルモン（外因性内分泌撹乱化学物質）　43, 66
環境モニタリング　10
環境用水　53
緩衝作用　125, 132
乾性沈着　39
岩石圏　17
乾燥化　115

キ

気圏　17
気候変動　115
季節風　19

ク

黒潮　20
黒ボク土　83
クロム　65, 81, 85
クロロフルオロカーボン
　→ フロン

ケ

下水道　69
懸濁物 → SS

コ

公害　7
光化学オキシダント　42
光化学スモッグ　42
降下物 → 大気降下物
降下量（沈着量）　24, 123
工業用水　52
光合成　31, 95
黄砂　19
降水　121
降水量　49, 51
合成洗剤　61, 63
湖沼水　57
コプラナ PCB　9
コプロスタノール　61
コロイド　55

サ

雑用水　53
産業廃棄物　6, 27
産業排水　62
酸性雨　83, 101, 119
──の実態　120
酸性雨監視ネットワーク　132

酸性雪　129
酸素　31

シ

紫外線　35
p,p'-ジクロロジフェニルトリクロロエタン →
　DDT
資源枯渇　13
自浄作用　8, 70
自然環境　1
湿性沈着　39
し尿排水　61
指標生物　93
集積植物　90
浄化槽　69
硝酸イオン　31, 54, 57, 59, 62, 63, 66, 78, 102, 130
硝酸呼吸　98
硝酸態窒素　59
蒸発散量　50
植物　90
植物プランクトン　36, 64
食物連鎖　94
人口　2
人工環境　1
深層水　54, 55
針葉樹林　121
森林　63, 74, 102, 117, 120
森林生態系　125
森林伐採　63, 96, 102, 110

ス

水銀　10, 65, 81

水圏　17
水質汚染（水質汚濁）　7, 60
水質汚濁 → 水質汚染
水質浄化　69
水蒸気　38, 111
水田土　84
水和酸化鉄　75, 79
スジイルカ　94
すす　39, 41, 43
スペリオル湖　131
諏訪湖　57

セ

生活雑排水　61
生活雑排水対策　68
生活排水　61
生活用水　52
生元素　54, 88
生産量
　元素の──　22
　原油の──　13
　鉄鉱石の──　13
生態系　115
生物化学的酸素要求量
　→ BOD
生物学的緩衝作用　132
生物圏　18, 46, 88
生物体　89
生物濃縮　94
生物濃縮係数　94
赤黄色土　83
赤外線　107, 109, 111
石炭　123

タ

ダイオキシン類　9, 43, 86

索　引

大気　30
　　——における定常状態　23
　　輸送媒体としての——　18
大気エアロゾル　39
大気汚染　7, 40, 41
大気降下物（降下物）39, 64
帯水層　59
堆積物　65, 130
耐容1日摂取量　44
太陽全放射量　107
多環式芳香族炭化水素 → PAH
脱窒　31, 34, 70, 71, 98, 99, 132
炭化水素　39, 41
炭素
　　——の循環　95
炭素固定量　117

チ

チェルノブイリ原子力発電所　19
地下水　59
　　——の塩水化　114
地下水汚染　67
地球温暖化　33, 34, 39, 40, 102, 106
地球温暖化指数 → GWP
地球環境モニタリング　11
窒素　31, 98
　　——の循環　98
窒素安定同位体　59
窒素固定　31, 98
窒素固定細菌　31

窒素酸化物　39, 41, 99, 119, 120, 123
茶葉　90
直鎖アルキルベンゼンスルホン酸塩 → LAS
貯蔵源 → レザーバ
貯留量　24
沈着量 → 降下量

ツ

通気性　76

テ

ディーゼル排気微粒子　41
定常状態　24
　　海洋における——　25
　　大気における——　23
テトラクロロエチレン　43, 67, 87

ト

銅　65, 85
東京湾　65, 66, 71
透水性　76
動物　92
毒性等価係数　43
毒性等価量 → TEQ
都市化　70, 103
都市中小河川　103
土壌　73
　　——の全量　80
　　——の劣化　83
土壌汚染　7, 84
土壌空気　76
土壌圏　17
土壌浸食　74
都市用水　52

土壌層位　78
土壌断面　78
土壌溶液　77, 78
土壌粒子　20, 77
土壌pH　82
トリクロロエチレン　43, 67, 87
トリハロメタン　68

ナ

鉛　65, 130

ニ

二酸化硫黄　38, 41, 100, 123
二酸化炭素　27, 31, 40, 76, 96, 97, 108, 109, 112, 116
二酸化炭素排出量　116
二酸化窒素　41, 98
二次エネルギー　5
二次汚染物質　40
人間圏　18, 27

ネ

熱塩循環　21
熱帯林　74, 102
熱放射　111
粘土鉱物　75
年平均気温　108

ノ

農業生産　3, 12
農業排水　62
農業用水　53
農薬　62, 63, 67, 85, 86

ハ

廃棄物 5, 27
煤塵 123
ハイドロフルオロカーボン → HFC
発電量 4
反射率（アルベド） 109, 110

ヒ

干潟 70, 114
ヒ素 85, 130
氷河 110, 116
表層水 54
表面温度 106

フ

風成循環 20
富栄養化 64, 99
腐植 76, 78, 83
物質移動 16, 18, 24
物質循環 47, 94
浮遊粒子 109
浮遊粒子状物質 39, 41
プランクトン 17, 55, 131
フロン（クロロフルオロカーボン） 36, 40, 112
噴火 109
粉塵 121

ヘ

平均滞留時間 24, 40, 112
 海水中の成分の── 54
 地球上の水の── 48

ヘキサクロロシクロヘキサン → HCH
ペルフルオロカーボン → PFC
ベンゼン 43
ペンタクロロニトロベンゼン → PCNB
ペンタクロロフェノール → PCP

ホ

放射エネルギーの収支 107
放射強制力 112
保水性 77
保肥性 78
ポリクロロジベンゾ-p-ジオキシン → PCDD
ポリクロロジベンゾフラン → PCDF
ポリクロロビフェニル → PCB

マ

マウナロア山 31
真姿の池 59
マンガン 84

ミ

水 46
 ──の循環 101
水資源 51
水資源賦存量 52
水収支 49, 50

ム

ムラサキイガイ 66, 89, 92

メ

メタン 33, 116

モ

モミの立ち枯れ 20
モントリオール議定書 37

ユ

ユーカリ 118
有機汚濁負荷量 71
輸送媒体 17
輸送量 19
 懸濁物の── 80
 粒子状物質の── 19

ヨ

溶存物質 21

リ

陸域生態系 125
陸水生態系 126, 128
硫化ジメチル 38, 55
硫化水素 100
硫酸 38
硫酸エアロゾル 113
流出係数 103
流出率 103
流出量 50
流量 21
リョウブ 90
リン 54, 55, 57, 62, 64, 71, 78, 100
 ──の循環 100
臨界負荷量 125, 128
林地 63

レ

レインアウト 120
レザーバ（貯蔵源） 24, 80

ロ

六フッ化硫黄 116

欧　文

BOD（生物化学的酸素要求量） 61, 68
COD（化学的酸素要求量） 57, 60, 68
DDT（p,p'-ジクロロジフェニルトリクロロエタン） 62, 86
GWP（地球温暖化指数） 112
HCH（ヘキサクロロシクロヘキサン） 62, 86
HFC（ハイドロフルオロカーボン） 116
LAS（直鎖アルキルベンゼンスルホン酸塩） 61
PAH（多環式芳香族炭化水素） 41
PCB（ポリクロロビフェニル） 8, 62, 66, 85, 94
PCDD（ポリクロロジベンゾ-p-ジオキシン） 9
PCDF（ポリクロロジベンゾフラン） 9
PCNB（ペンタクロロニトロベンゼン） 67
PCP（ペンタクロロフェノール） 62
PFC（ペルフルオロカーボン） 116
PM 2.5　41
SS（懸濁物） 21, 68, 80
TEQ（毒性等価量） 43
UV-A　35
UV-B　35
UV-C　35

著者略歴

小倉紀雄（おぐらのりお）
- 1940年　東京に生まれる
- 1962年　東京都立大学理学部卒業
- 1967年　東京都立大学大学院理学研究科博士課程修了
- 同　年　東京都立大学理学部助手
- 1974年　東京農工大学農学部助教授
- 1985年　東京農工大学農学部教授
- 1999年　東京農工大学大学院農学研究科教授
- 2003年　東京農工大学定年退官
　　　　　東京農工大学名誉教授

一國雅巳（いちくにまさみ）
- 1930年　東京に生まれる
- 1953年　東京大学理学部化学科卒業
- 1961年　東京都立大学助教授
- 1970年　東北大学教授
- 1977年　東京工業大学教授
- 1991年　東京工業大学定年退官
　　　　　東京工業大学名誉教授
- 1992年　埼玉大学教授
- 1996年　埼玉大学定年退官

化学新シリーズ　**環境化学**

2001年11月20日　第1版発行
2006年9月20日　第4版発行
2016年3月20日　第4版4刷発行

検印省略

定価はカバーに表示してあります。

著作者　小倉紀雄
　　　　一國雅巳
発行者　吉野和浩
発行所　東京都千代田区四番町8-1
　　　　電話　東京3262-9166（代）
　　　　郵便番号　102-0081
　　　　株式会社　裳華房
印刷所　株式会社　デジタルパブリッシングサービス
製本所

増刷表示について
2009年4月より「増刷」表示を『版』から『刷』に変更いたしました．詳しい表示基準は弊社ホームページ
http://www.shokabo.co.jp
をご覧ください．

社団法人
自然科学書協会会員

JCOPY　〈(社)出版者著作権管理機構　委託出版物〉
本書の無断複写は著作権法上での例外を除き禁じられています．複写される場合は，そのつど事前に，(社)出版者著作権管理機構（電話03-3513-6969，FAX03-3513-6979, e-mail: info@jcopy.or.jp）の許諾を得てください．

ISBN 978-4-7853-3209-9

© 小倉紀雄，一國雅巳，2001　　Printed in Japan

化学の指針シリーズ

化学環境学	御園生　誠 著	本体 2500 円＋税
生物有機化学 －ケミカルバイオロジーへの展開－	宍戸・大槻 共著	本体 2300 円＋税
有機反応機構	加納・西郷 共著	本体 2600 円＋税
有機工業化学	井上祥平 著	本体 2500 円＋税
分子構造解析	山口健太郎 著	本体 2200 円＋税
錯体化学	佐々木・柘植 共著	本体 2700 円＋税
量子化学 －分子軌道法の理解のために－	中嶋隆人 著	本体 2500 円＋税
超分子の化学	菅原・木村 共編	本体 2400 円＋税
化学プロセス工学	小野木・田川・小林・二井 共著	本体 2400 円＋税

あなたと化学 －くらしを支える化学 15 講－	齋藤勝裕 著	本体 2000 円＋税
理工系のための 化学入門	井上正之 著	本体 2300 円＋税
一般化学（三訂版）	長島・富田 共著	本体 2300 円＋税
化学の基本概念 －理系基礎化学－	齋藤太郎 著	本体 2200 円＋税
基礎無機化学（改訂版）	一國雅巳 著	本体 2300 円＋税
無機化学 －基礎から学ぶ元素の世界－	長尾・大山 共著	本体 2800 円＋税
生命系のための 有機化学Ⅰ －基礎有機化学－	齋藤勝裕 著	本体 2400 円＋税
新・元素と周期律	井口洋夫・井口　眞 共著	本体 3400 円＋税
基礎化学選書2　分析化学（改訂版）	長島・富田 共著	本体 3500 円＋税
基礎化学選書7　機器分析（三訂版）	田中・飯田 共著	本体 3300 円＋税
量子化学（上巻）	原田義也 著	本体 5000 円＋税
量子化学（下巻）	原田義也 著	本体 5200 円＋税
ステップアップ　大学の総合化学	齋藤勝裕 著	本体 2200 円＋税
ステップアップ　大学の物理化学	齋藤・林 共著	本体 2400 円＋税
ステップアップ　大学の分析化学	齋藤・藤原 共著	本体 2400 円＋税
ステップアップ　大学の無機化学	齋藤・長尾 共著	本体 2400 円＋税
ステップアップ　大学の有機化学	齋藤勝裕 著	本体 2400 円＋税

裳華房ホームページ　http://www.shokabo.co.jp/　　2016 年 3 月現在